걸어다니는 식물도감 김태정 선생님의 색깔별 야생화 사전

쉽게 찾는 우리 꽃

여름

현암사

쉽게 찾는 우리 꽃 · 여름

초판 1쇄 발행 | 1994년 7월 30일
초판 26쇄 발행 | 2016년 10월 5일

지은이 | 김태정
펴낸이 | 조미현

펴낸곳 | (주)현암사
등록 | 1951년 12월 24일 · 제10-126호
주소 | 04029 서울시 마포구 동교로12안길 35
전화 | 365-5051 · 팩스 | 313-2729
전자우편 | editor@hyeonamsa.com
홈페이지 | www.hyeonamsa.com

ⓒ 김태정 · 1994

*잘못된 책은 바꾸어 드립니다.
*지은이와 협의하여 인지를 생략합니다.

ISBN 978-89-323-0801-2 04480
ISBN 978-89-323-0799-2 (세트)

쉽게 찾는 우리 꽃 여름을 내면서

우리의 산과 들에 봄이 오면 잿빛의 들녘과 앙상한 나뭇가지 밑에서
작고 아름다운 꽃들이 옹기종기 혹은 흐드러지게 피어납니다.
이 강산에 새로운 삶이 시작되는 것이지요.
그러나 봄이 차츰 멀어져 가면 하늘은 더욱 낮게 내려오고 이 땅의 초목은
강렬한 태양 볕을 받으며 그 싱싱한 삶을 더욱 아름답게 펼쳐 갑니다.
멀리 높은 산 기슭에 비구름이 머물고 장마비가 오락가락할 때면
이 나라 산천은 어느 새 한여름으로 접어든 것이지요.
이맘 때면 봄에 꽃을 피웠던 식물들은 벌써 작고 탐스러운 열매를
다 익혀 놓습니다. 그러나 봄이 늦게 찾아드는 높은 산 꼭대기에는
우거진 숲 속의 그늘에서 이제서야 봄꽃을 피우는 것들도 있습니다.
또한 우리 나라는 국토가 남북으로 길게 뻗어 있기 때문에
북녘의 높은 산에서는 봄꽃과 여름꽃, 가을꽃이 여름 한 철에 한꺼번에
어우러져 피기도 합니다.
우리는 흔히 봄에 가장 많은 꽃이 피는 것으로 알고 있습니다.
그러나 실제로 살펴보면 나뭇잎이나 풀잎에 가려
밖으로 드러나지 않아서 그렇지 여름에 더 많은 꽃이 피어납니다.
그리고 우리 나라의 여름꽃은 낮은 곳보다 높은 곳에서 더욱 다양하고
많이 피는 까닭에 여름에 높은 산 꼭대기에 가 보면
마치 화원을 방불케 하는 장관을 만나 볼 수 있지요.
또한 향기도 무척 짙어 온갖 벌과 나비가 이 무렵에 장사진을 이룹니다.
물론 그렇게 해서 꽃들도 자기 종족의 번식을 꾀하는 것이지요.
이들 가운데에서 그 색깔이 아름답고 우리가 여름에 자주 만나 볼 수
있는 것을 골라 그 꽃의 모든 것을 간명하게 설명하였습니다.
물론 사진으로 보는 것과 실물에는 많은 차이가 있겠지만 꽃의 모양을
생생히 살필 수 있게 사진 한 장 한 장에 온 정성을 기울였습니다.
누구든지 산이나 들로 나가서 한 포기 꽃을 만나면 이 책을 통하여
그 꽃의 이름을 금방 알아볼 수 있을 겁니다. 부디 이 책이
꽃을 사랑하는 모든 이에게 좋은 참고서가 되기를 바랍니다.

1994년 초여름에
지은이

일러두기

이번에는 여름꽃을 골라서 책으로 엮었다.
6월부터 8월까지 피는 꽃 250여 종을 골라 꽃의 생김새를 중심으로 한
원색 사진과 더불어 씨(열매) 들을 배열하고 꽃의 이름과 분포지,
피는 시기, 높이, 특징, 용도 들을 간단하면서도 상세하게 수록하였다.
식물의 순서 배열은 봄꽃보다 색깔을 좀더 세분화하였는데,
흰색, 노란색, 녹색, 붉은색, 청색으로 나눈 것이 그것이다.
또한 봄꽃과 마찬가지로 중간색을 띠는 것들 - 연한 홍색, 연한 자주색,
연한 노란 색 같은 중간색 계통은 기본 색에 포함시켰다.
꽃, 열매, 뿌리, 잎을 자세히 볼 수 있도록 부분 사진을 확대해서
배치하였으며 용도는 관상용, 약용, 식용으로 구분하였다.
들이나 산에서 꽃을 만났을 때는 노란색이나 그보다 약간 노랗거나
연한 흰색, 녹색기가 도는 꽃을 만났을 때에는 이 책의 노란색 쪽을
펼쳐 찾아보면 그 꽃에 대하여 쉽게 알아볼 수 있을 것이다.
다만 한 가지 주의할 것은 볕이 잘 드는 곳의 꽃과 그늘의 꽃 사이에는
색깔에 차이가 있다는 것을 알아야 할 것이다. 특히 그늘에서 피는 꽃은
자주색이나 보라색, 연한 붉은색 들에서 색깔에 얼마쯤 차이가 나타난다.
또한 보라에 가까운 푸른색이나 자주색 계열은
봄꽃 편에서는 붉은색에 포함시켰지만 여름꽃 편에서는 따로 청색란을
두어 거기에 포함시켰다. 한 가지 덧붙이자면 지방에 따라서
달리 불리는 꽃 이름도 모두 적어 넣었고 약재로 쓰일 때의 이름도
밝혀 적었다.
모쪼록 이 책이 우리 꽃을 사랑하는 모든 분들께 자연 사랑을 향한
좋은 길잡이가 되기를 기대한다.

차례

쉽게 찾는 우리 꽃

여름

흰색

개망초 군락

해오라비난초

난초과
Habenaria radiata SPRENG.

속명/해오라기란, 해오래비란, 복사백접화(輻射白蝶花), 복상옥풍화(輻狀玉風花)
분포지/중부 지방의 금강산이나 경기도 일대의 산 계곡 축축한 곳
개화기/7, 8월
꽃색/흰색
결실기/10월 삭과
높이/15∼40cm
특징/밑 부분에 칼집 같은 한두 개의 잎이 달린다.
용도/관상용
생육상/여러해살이풀

잠자리난초

난초과
Habenaria linearifolia **MAX.**

속명/잠자리란,
큰잠자리난초,
옥풍화(玉風花),
십자란(十字蘭)
분포지/제주도를
비롯한 남북한 전지역의
습한 골짜기
개화기/6~8월
꽃색/흰색
결실기/9월 삭과
높이/40~80cm
특징/잎이 어긋나게
붙고 꽃은 모여 달리는
꽃차례에 핀다.
용도/관상용
생육상/여러해살이풀

흰진범

미나리아재비과
***Aconitum longecassidatum* NAKAI.**

속명/흰진교, 진범,
백부자(白附子),
고모오두(高帽烏頭)
분포지/중부·북부
지방의 깊은 산
골짜기나 높은 산
숲 가장자리
개화기/8월
꽃색/연한 노란 기가
도는 흰색
결실기/10월 골돌
높이/1~1.2m
특징/잎은 모여 나고
잎조각 끝에 이빨
모양의 톱니가 있다.
(한국 특산 식물)
용도/관상용,
약용(뿌리)
(맹독성 식물)
생육상/여러해살이풀

촛대승마

미나리아재비과
Cimicifuga simplex **WORMSK.**

속명/외대승마,
초대승마, 승마(升麻)
분포지/남부·중부·북부
지방의 높은 산 풀숲
개화기/6~8월
꽃색/흰색
결실기/8월 골돌
높이/150cm
특징/잎은 줄기에
어긋나게 붙고
모양은 겨자꼴이며
가장자리에 고르지 않은
톱니가 있다.
용도/식용, 약용
(풀 전체, 유독성 식물)
생육상/여러해살이풀

꿩의다리

미나리아재비과
Thalictrum aquilegifolium L.

속명/우정금,
아세아꿩의다리,
당송초(唐松草)
분포지/우리 나라
모든 산의 숲 속 그늘
개화기/6~8월
꽃색/흰색
결실기/8월 수과
높이/50~100cm
특징/세모꼴 잎이
줄기에 어긋나게
붙고 꽃은 둥글고
뾰족한 꽃차례에
달린다.
용도/식용(풀 전체)
생육상/여러해살이풀

눈빛승마

미나리아재비과
Cimicifuga davurica **MAX**.

속명/승마(升麻),
흥안승마(興安升麻)
분포지/중부·북부
지방의 산 숲 속
개화기/8월
꽃색/흰색
결실기/10월 골돌
높이/2m 안팎
특징/잎의 길이가
1m쯤 되며 줄기에
어긋나게 붙는다.
꽃은 둥글고 뾰족한
꽃차례에 달린다.
용도/약용(풀 전체)
생육상/여러해살이풀

나도옥잠화

백합과

Clintonia udensis **TRAUTV.** *et* **MEYER.**

속명/당나귀풀, 두메옥잠, 제비옥잠, 당나귀나물, 칠근고(七筋姑)
분포지/제주도, 남부·중부·북부 지방의 높은 산 숲 속 그늘
개화기/6, 7월
꽃색/흰색
결실기/8월 장과
높이/20~50cm
특징/잎은 2~5개가 뿌리에서부터 어긋나게 붙고 꽃은 모여 달리는 꽃차례에 핀다.
용도/관상용
생육상/여러해살이풀

흰여로

백합과
Veratrum versicolor **NAKAI.**

속명/백여로, 여로, 백화여로(白花藜蘆)
분포지/제주도를 비롯한 남부·중부·북부 지방의 깊은 산 골짜기
개화기/7, 8월
꽃색/흰색
결실기/9월 삭과
높이/100cm 안팎
특징/뿌리에서 나온 잎은 어긋나게 붙고
꽃은 둥글고 뾰족한 꽃차례에 달린다.
용도/약용(뿌리 줄기)(유독성 식물)
생육상/여러해살이풀

열매

개감채

백합과
Lloydia serotina REICHENB.

속명/두메무릇, 와판화
분포지/북부 지방의 높은 산 바위틈이나 풀밭과 백두산 지역의 높은 곳
개화기/7, 8월
꽃색/흰색
결실기/9월 삭과
높이/15cm 안팎
특징/뿌리에서 대개 두 개의 잎이 나오며 꽃은 한 송이가 종같이 달린다.
용도/식용, 약용(풀 전체)
생육상/여러해살이풀

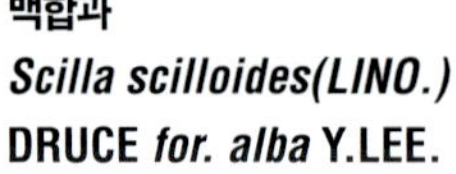흰무릇

백합과
Scilla scilloides(LINO.)
DRUCE *for. alba* **Y.LEE.**

속명/흰꽃무릇, 백천산(白天蒜), 천산(天蒜)
분포지/제주도의 산과 들 풀섶(희귀 식물)
개화기/7~9월
꽃색/흰색
결실기/10월 삭과
높이/50cm 안팎
특징/잎은 두 개씩 마주 나며 꽃은 모여 달리는 꽃차례에 핀다. 희귀 식물이다.
용도/식용, 약용(풀 전체)
생육상/여러해살이풀

부추

백합과
Allium tuberosum ROTH.

속명/구(苟),
구채(苟菜), 구자(苟子),
솔, 정구지
분포지/각처의
농가에서 재배한다.
(중국 원산의 야채이다)
개화기/7, 8월
꽃색/흰색
결실기/10월 삭과
높이/30~40cm
특징/실 모양의 연약한
잎이 곧게 서며 꽃은
우산 모양의 꽃차례에
달린다.
용도/식용, 약용
(풀 전체)
생육상/여러해살이풀

옥잠화

백합과
Hosta plantaginea **ASCHERS.**

속명/옥잠(玉簪),
옥포화(玉泡花),
옥춘봉(玉春棒), 백악,
자악, 백학선(白鶴仙)
분포지/인가의 화단에
많이 심는다.
(중국이 원산인
관상 식물이다)
개화기/7~9월
꽃색/흰색
결실기/10월 삭과
높이/60cm 안팎
특징/잎은 달걀꼴의
둥근 모양이고 잎자루가
특히 길며, 꽃은 모여
달리는 꽃차례에 핀다.
용도/식용, 관상용
생육상/여러해살이풀

수정란풀

노루발풀과
Monotropa uniflora **LINNE.**

속명/수정초(水晶草), 수정란(水晶蘭)
분포지/제주도를 비롯한 남부·중부 지방의 산 속 그늘 지고 습기 있는 곳
개화기/6, 7월
꽃색/흰색
결실기/8월 삭과
높이/15cm 안팎
특징/썩은 나뭇잎에 붙어 자라며 잎은 세모꼴의 긴 타원형이고,
꽃은 한 송이가 밑을 향해 달린다.
용도/식용, 약용(풀 전체)
생육상/여러해살이풀

노루발풀

노루발풀과
Pyrola japonica **KLENZE.**

속명/노루발, 녹제초(鹿蹄草), 파혈단(破血丹), 일본녹제초
분포지/전국 산의 숲 속 나무 그늘
개화기/6, 7월
꽃색/흰색
결실기/8월에 삭과
높이/30cm 안팎
특징/잎은 1~8개다. 밑에서 모여 나고 둥근 타원형이며 꽃은 밑을 향해 달린다.
용도/관상용, 약용(풀 전체)
생육상/늘 푸른 여러해살이풀

오랑캐장구채

석죽과
Silene repens PERS.

속명/오랑캐대나물, 가지대나물, 호로초(葫蘆草)
분포지/중부·북부 지방의 높은 산을 비롯하여 백두산 높은 곳의 풀숲

개화기/6, 7월

꽃색/연한 붉은 빛을 띤 흰색

결실기/9월 삭과

높이/60cm 안팎

특징/긴 달걀꼴의 잎이 마주 나고 흐트러진 꽃차례를 이룬다.

용도/관상용, 약용(풀 전체)

생육상/여러해살이풀

흰장구채

석죽과
Silene oliganthella NAKAI.

속명/흰대나물, 한맥병초(旱麥甁草), 장백한맥병초(長白旱麥甁草)
분포지/백두산을 비롯한 북부 지방의 높은 산지 풀밭
개화기/7, 8월
꽃색/흰색
결실기/9월 삭과
높이/25cm 안팎
특징/실 같은 잎이 마주 나고 모여서 달린 꽃차례를 이룬다.
용도/관상용, 약용(풀 전체)
생육상/여러해살이풀

말냉이장구채

석죽과
Melandryum noctiflorum(L.) FRIES.

속명/말냄이장구채
분포지/중부·북부
지방의 높은 산 풀숲
개화기/7, 8월
꽃색/희거나
연한 붉은색
결실기/10월 삭과
높이/50cm 안팎
특징/피침형 또는
타원형의 잎이
마주 나고 꽃은
사방으로 흩어진
꽃차례에 달린다.
용도/식용, 약용
(줄기, 꽃)
생육상/여러해살이풀

끈끈이장구채

석죽과
Silene Koreana **KOM.**

속명/끈끈이대나물, 조선승자초(朝鮮蠅子草)
분포지/중부·북부 지방의 깊은 산골
개화기/7, 8월
꽃색/흰색
결실기/9월 삭과
높이/90cm 안팎
특징/실 같은 잎이 마주 나고 줄기와 잎 사이에 짧은 가지가 많이 난다.
꽃은 흐트러진 꽃차례에 달린다.
용도/관상용, 약용(풀 전체)
생육상/한해살이풀

덩굴별꽃

석죽과
Cucubalus baccifer var. japonicus **MIQ.**

속명/일본구조만(日本狗筋蔓), 덩굴별
분포지/제주도와 중부 지방 산과 들의 숲 가장자리
개화기/7, 8월
꽃색/흰색
결실기/9월 삭과
높이/덩굴 길이가 150cm 안팎에 이른다.
특징/덩굴 줄기에 잎이 마주 나며 꽃은 한 송이씩 옆을 향해 달린다.
용도/식용, 관상용, 약용(열매, 줄기, 잎)
생육상/여러해살이풀

너도개미자리

석죽과
Minuartia laricina **NAKAI.**

속명/큰개미자리, 고산칠고(高山漆姑)
분포지/백두산을 비롯한 북부 지방의 높은 산 풀숲
개화기/7, 8월
꽃색/흰색
결실기/9월 삭과
높이/10cm 안팎
특징/피침형의 잎이 마주 나고 꽃은 여러 송이가 사방으로 퍼진다.
용도/식용, 관상용, 약용(줄기)
생육상/여러해살이풀

긴입별꽃

석죽과
Stellaria longifolia **MUHL.**

속명/(없음)
분포지/중부·북부 지방의 숲 속 축축한 곳
개화기/7, 8월
꽃색/흰색
결실기/9월 삭과
높이/20~40cm
특징/실 같은 잎이 마주 나고 솜털이 있으며 꽃은 한 송이씩 밑을 향해 달린다.
용도/식용, 관상용, 약용(풀 전체)
생육상/여러해살이풀

왜천궁

미나리과
Angelica genuflexa NUTT.

속명/슬곡상당귀(膝曲狀當歸)
분포지/중부 지방의 산골짜기 축축한 곳
개화기/8, 9월
꽃색/흰색
결실기/9월 분과
높이/80～200cm
특징/잎은 한두 차례 세 쪽으로 나뉜 깃꼴 겹잎이며
꽃은 우산 같은 꽃차례에 달린다.
용도/약용(열매, 뿌리)
생육상/여러해살이풀

갯기름나물

미나리과
Peucedanum japonicum **THUNB.**

속명/개기름나물, 일본전호(日本前胡)
분포지/제주도, 울릉도, 남부. 중부 지방의 바닷가 풀숲이나 산
개화기/5~8월
꽃색/흰색
결실기/9월 분과
높이/60~100cm
특징/잎은 줄기에 어긋나게 붙고 잎자루가 길며 두세 차례 깃꼴 겹잎이다.
꽃은 겹우산 모양의 꽃차례에 달린다.
용도/식용, 약용(뿌리)
생육상/여러해살이풀

궁궁이

미나리과
***Angelica polymorpha* MAX.**

속명/천궁, 백봉천궁, 토천궁(土川芎), 다형당귀(多型當歸)
분포지/산골짜기 냇가 등지의 축축한 곳
개화기/8, 9월
꽃색/흰색
결실기/10월 분과
높이/80∼150cm
특징/달걀 모양의 잎이 매우 넓고 꽃은 우산 모양의 꽃차례에 달린다.
용도/약용(열매, 뿌리)
생육상/여러해살이풀

흰꽃바디나물

미나리과
Angelica decursiva(MIQ.) **FR**. *et* **SAV**.
for. albiflora **MAX**.

속명/흰꽃바디
분포지/섬 지방을 뺀 내륙 산지의 축축한 골짜기
개화기/8, 9월
꽃색/흰색
결실기/11월 분과
높이/80~150cm
특징/뿌리에서 나온 잎은 달걀 모양으로 생겼으며 깃 모양으로 갈라진다.
꽃은 우산 같은 꽃차례에 달린다.
용도/식용, 약용(열매, 줄기, 잎, 뿌리)
생육상/여러해살이풀

섬바디 군락

섬바디

미나리과
Angelica takesimana **NAKAI.**

속명/섬바디나물, 울릉강활, 탑극당귀(塔克當歸), 돼지풀
분포지/울릉도를 비롯한 북부 지방의 바닷가 풀숲
개화기/7, 8월
꽃색/흰색
결실기/9월 분과
높이/150cm 안팎
특징/잎자루가 길고 피침 모양의 넓은 잎 가장자리에는 톱니가 있다.
꽃은 우산 모양의 꽃차례에 달린다.
용도/식용, 약용(뿌리)
생육상/여러해살이풀

고수

미나리과
Coriandrum sativum L.

속명/고수풀, 빈대풀, 호유실, 향채(香菜), 호유, 원유
분포지/절이나 농가에서 약초로 재배한다.(동유럽 원산)
개화기/5, 6월
꽃색/흰색
결실기/8월 분과
높이/60cm 안팎
특징/잎의 가장 끝 조각은 깃 모양으로 좁게 갈라지고
꽃은 사방으로 퍼져 달린다.
용도/식용, 약용(뿌리)
생육상/여러해살이풀

전호

미나리과
Anthriscus sylvestris **HOFFM.**

속명/기름나물
분포지/축축한 골짜기나 높은 산
개화기/5, 6월
꽃색/흰색
결실기/9월 분과
높이/1m 안팎
특징/잎은 세모꼴이며 두세 차례 세 갈래씩 갈라진다.
꽃은 우산 모양의 꽃차례에 달린다.
용도/식용, 약용(뿌리, 열매)
생육상/여러해살이풀

누룩치

미나리과
Pleurospermum kamtschaticum **HOFFM.**

속명/왜우산풀, 노룩치,
개우산풀, 릉자근
분포지/섬 지방을 뺀
내륙 지방의
깊은 산골짜기 양지
개화기/6~8월
꽃색/흰색
결실기/9월 분과
높이/50~100cm
특징/잎자루가 길고
잎은 넓은 달걀꼴에다가
두 차례 세 조각으로
갈라진다.
꽃은 우산 모양의
꽃차례에 달린다.
용도/식용,
약용(뿌리, 열매)
생육상/여러해살이풀

고산부전바디

미나리과
Coelopleurum saxatile(TURCZ.) DRUDE.

속명/부전바디
분포지/북부 지방의 높은 산지, 백두산 천지 주변
개화기/7, 8월
꽃색/흰색
결실기/9월 분과
높이/60~80cm
특징/세 개로 된 겹잎이 어긋나게 붙고 꽃은 우산 모양의 꽃차례에 달린다.
용도/식용, 약용(뿌리)
생육상/여러해살이풀

톱바위취

범의귀과
Saxifraga punctata **L.**

속명/반점호이초(斑點虎耳草)
분포지/중부·북부 지방의 깊은 산 속 물기 있는 바위 표면
개화기/6~8월
꽃색/흰색
결실기/9월 삭과
높이/5~25cm
특징/잎자루가 길고 잎은 콩팥 모양이다. 잎의 가장자리에는 톱니가 있고,
꽃은 사방으로 흩어진 꽃차례에 달린다.
용도/관상용, 약용(뿌리, 잎)
생육상/여러해살이풀

흰바위취

범의귀과
Saxifraga manshuriensis **KOM.**

속명/동북호이초
(東北虎耳草)
분포지/북부 지방의
깊은 산 속 물기 있는
바위 표면
개화기/6, 7월
꽃색/흰색
결실기/10월 삭과
높이/40cm 안팎
특징/잎자루가 길고
둥근 심장 모양의
잎 가장자리에는
큰 톱니가 있고,
둥글고 뾰족한 꽃차례에
달린다.
용도/식용, 관상용,
약용(뿌리, 잎)
생육상/여러해살이풀

구름범의귀

범의귀과
Saxifraga laciniata NAKAI et TAKEDA.

속명/(없음)
분포지/백두산을 비롯한 북부 지방의 높은 산 바위틈
개화기/7, 8월
꽃색/흰색
결실기/10월 삭과
높이/25cm 안팎
특징/잎자루가 길고 잎은 피침형 또는 꺼꿀 피침형이다.
꽃은 흐트러진 꽃차례에 달린다.
용도/식용, 관상용, 약용(뿌리)
생육상/여러해살이풀

흰송이풀

현삼과
Pedicularis resupinata LINNE
var. albida HARA.

속명/칼송이풀,
첨엽마선호
(尖葉馬先蒿)
분포지/중부·
북부 지방의 깊은
산이나 높은 산 풀숲
개화기/7, 8월
꽃색/흰색 또는
연한 노랑
결실기/10월 삭과
높이/15~50cm
특징/넓은 피침꼴의
잎이 어긋나게 붙고
잎조각의 가장자리가
두껍고 양면에
털이 있다. 꽃은 모여서
달리는 꽃차례에 핀다.
용도/관상용, 밀원용
생육상/여러해살이풀

선쌀풀

현삼과
Euphrasia maximowiczii **WETTSTEIN.**

속명/좁쌀, 앉은좁쌀풀
분포지/남부·중부·북부 지방의 높은 산 풀숲이나 백두산 산기슭
개화기/6~8월
꽃색/흰색
결실기/9월 삭과
높이/20cm 안팎
특징/넓은 달걀 모양의 잎이 마주 나고 뒷면 맥 위에 약간의 털이 있다.
꽃은 모여서 달리는 꽃차례에 달린다.
용도/목초
생육상/한해살이풀

하늘타리

외과
***Trichosanthes kirilowii* MAX.**

속명/쥐참외, 과두근, 과루(瓜蔞), 괄루(括蔞)
분포지/제주도를 비롯하여 남부·중부 지방 산과 들녘의 풀숲
개화기/7, 8월
꽃색/흰색
결실기/10월 장과
높이/2〜5m
특징/잎은 어긋나게 붙고 단풍잎처럼 갈라진 잎조각에는 톱니가 있으며
꽃은 모여 달리는 꽃차례에 달린다.
용도/식용, 공업용, 약용(뿌리, 열매)
생육상/여러해살이풀

삼백초

삼백초과
Saururus chinensis **BAILL.**

속명/백면고,
백설골(白舌骨),
백두옹(白頭翁),
백면골(白面骨)
분포지/제주도
바닷가의 축축한 풀숲
개화기/6~8월
꽃색/흰색
결실기/8월 장과
높이/50~100cm
특징/달걀꼴의 잎이
어긋나게 붙고
꽃은 이삭 모양의
꽃차례에 달린다.
용도/관상용,
약용(뿌리)
생육상/여러해살이풀

마름

마름과
Trapa japonica **FLEROV.**

속명/골뱅이, 능(菱)
분포지/제주도를 비롯한 우리 나라 전역의 들녘 도랑이나 연못, 하천 수면
개화기/7, 8월
꽃색/연한 붉은 빛이 도는 흰색
결실기/9월 수과
높이/30∼70cm
특징/마름모꼴의 잎이 모여서 나고 가장자리에
고르지 않은 톱니가 있으며, 꽃은 위를 향해
한 송이가 달린다.
용도/관상용, 약용(열매, 잎자루)
생육상/한해살이풀

열매

마름 군락

쉽싸리

꿀풀과
Lycopus lucidus TURCZ.

속명/택란(澤蘭),
개조박이
분포지/산과 들의
축축한 풀숲
개화기/6~8월
꽃색/흰색
결실기/10월 삭과
높이/1m 안팎
특징/땅 속으로 뻗는
가지에서 새순이 나오고
넓은 피침형의 잎이
마주 난다.
꽃은 사방으로 둥글게
퍼진 꽃차례에 달린다.
용도/식용,
약용(풀 전체)
생육상/여러해살이풀

갯까치수염

앵초과
Lysimachia mauritiana **LAM.**

속명/갯좁쌀풀, 해진주초(海珍珠草)
분포지/제주도, 울릉도 같은 섬 지방을 포함한 남부·중부 지방의 바닷가
개화기/6~8월
꽃색/흰색
결실기/7, 8월 삭과
높이/10~40cm
특징/주걱 같은 꺼꿀 피침형의 잎이 어긋나게 붙고
꽃은 모여 달리는 꽃차례에 달린다.
용더/식용, 관상용, 약용(잎)
생육상/두해살이풀

큰까치수염

앵초과
Lysimachia clethroides **DUBY.**

속명/홀아빗대, 진주채(珍珠菜), 진주화(珍珠花), 랑미파(狼尾巴)
분포지/전국 높은 산지의 축축한 풀숲
개화기/6~8월
꽃색/흰색
결실기/10월 삭과
높이/50~100cm
특징/뿌리 줄기가 옆으로 퍼지며 원줄기는 갈라지지 않은 채 잎은 어긋나게 붙는다.
꽃은 꽃차례에 모여서 달린다.
용도/식용, 관상용, 약용(잎)
생육상/여러해살이풀

까치수염

앵초과
Lysimachia barystachys **BUNGE.**

속명/까치수영, 개꼬리풀, 진주화(珍珠花), 랑미화(狼尾花)
분포지/낮은 지대의 축축한 풀숲
개화기/6~8월
꽃색/흰색
결실기/9월 삭과
높이/50~100cm
특징/줄기 밑 부분은 붉은 빛이 돌고 긴 타원형의 잎이 어긋나게 붙는다.
꽃은 꽃차례에 모여서 달린다.
용도/식용, 관상용
생육상/여러해살이풀

흰바늘엉겅퀴

국화과
Cirsium rhinoceros NAKAI.
for. albiflorum SAKATA et NAKAI.

속명/각시엉겅퀴, 침계
분포지/제주도 산과 들의 풀숲
개화기/7~9월
꽃색/흰색
결실기/10월 수과
높이/50cm 안팎
특징/잎은 줄기에 어긋나게 붙고 잎의 가장자리에는 딱딱하고 날카로운 가시가
달린다. 꽃은 머리 모양의 꽃차례에 달린다. 우리 나라 특산 식물이다.
용도/식용, 약용(풀 전체)
생육상/여러해살이풀

톱풀

국화과
Achillea sibirica **LEDEB**.

속명/가얌새, 가새풀, 신초(絅草), 시초(蓍草)
분포지/전국 산과 들의 풀숲
개화기/7~10월
꽃색/흰색
결실기/10월 수과
높이/100cm 안팎
특징/잎은 줄기에 어긋나게 붙고 빗살처럼 갈라지며
꽃은 사방으로 흩어진 꽃차례에 달린다.
용도/식용, 관상용, 약용(풀 전체)
생육상/여러해살이풀

새싹

서양톱풀

국화과
Achillea millefolium L.

속명/양신초(洋神草)
분포지/유럽 원산의 관상 식물로서 주로 화단에서 가꾼다.
개화기/6~9월
꽃색/흰색 또는 연한 붉은색
결실기/10월 수과
높이/60~100cm
특징/깃꼴로 갈라지는 잎이 줄기에 어긋나게 붙고 가장자리에는 잔 톱니가 있다.
꽃은 사방으로 흩어지는 꽃차례에 달린다.
용도/식용, 관상용, 약용(풀 전체)
생육상/여러해살이풀

개박쥐나물

국화과
*Cacalia adenostyloides(*FR. et SAV.)
Matsumura.

속명/게박쥐나물
분포지/제주도의 한라산을 비롯하여 북부 지방의 높은 산 숲 속.
백두산에서도 자란다.
개화기/7, 8월
꽃색/흰색
결실기/10월 수과
높이/60cm 안팎
특징/콩팥처럼 생긴 잎이 줄기에 어긋나게 붙고 꽃은 뾰족한 꽃차례에 달린다.
용도/식용, 관상용
생육상/여러해살이풀

개박쥐나물 군락

개망초

국화과
Erigeron annuus(L.) PERS.

속명/개망풀, 왜풀,
일년봉(一年蓬),
야호(野蒿), 비봉(飛蓬)
분포지/전국의 산과
들 풀숲(북미 대륙이
원산인 귀화 식물)
개화기/6~8월
꽃색/연한 자줏빛이
도는 흰색
결실기/8월부터
수과
높이/30~100cm
특징/뿌리에서 나온
잎은 꽃이 필 때
쓰러지고 잎자루에
날개가 있다.
꽃은 흩어진 꽃차례에
달린다.
용도/식용
생육상/두해살이풀

큰오이풀

장미과
Sanguisorba stipulata **C.A.MAY.**

속명/둥근잎흰오이풀, 고산지유(高山地楡)
분포지/북부 지방의 높은 산지(백두산 높은 곳의 골짜기 습지).
개화기/8, 9월
꽃색/흰색
결실기/10월 수과
높이/80cm 안팎
특징/다른 오이풀보다 꽃 이삭이 크며 뿌리에서 난 잎은 모여 나고 겹잎이다.
꽃은 이삭 꽃차례에 달린다.
용도/식용, 관상용, 밀원용, 약용(풀 전체)
생육상/여러해살이풀

왜솜다리

국화과
Leontopodium japonicum **MIQ.**

속명/에델바이스, 노두초, 백설화융초, 화융초(火絨草)
분포지/중부·북부 지방의 높은 산 능선 부근 풀숲
개화기/7~9월
꽃색/잿빛이 도는 흰색
결실기/10월 수과
높이/25~30cm
특징/가운데 부분의 잎은 피침형이며 표면에 솜털이 있고
꽃은 머리 같은 꽃차례에 달린다.
용도/식용, 관상용
생육상/여러해살이풀

털어풀

장미과
Filipendula glaberrima **NAKAI.**

속명/터리풀, 광합엽자(光合葉子)
분포지/제주도를 비롯한 남부·중부·북부 지방의 높은 산 풀밭

개화기/6~8월

꽃색/흰색

결실기/10월 수과

높이/100cm 안팎

특징/잎은 단풍잎처럼 다섯 조각으로 갈라지고 그 끝에 일정하지 않은 톱니가 있다.

용도/관상용

생육상/여러해살이풀

털이풀 군락

도깨비부채

범의귀과
***Rodgersia podophylla* A. GRAY.**

속명/수레부채, 조선귀동경, 홍라자, 산우(山藕), 작합산(作合山)
분포지/중부 지방의 깊은 산 기슭의 그늘
개화기/6, 7월
꽃색/노란 빛이 도는 흰색
결실기/8월 삭과
높이/1m 안팎
특징/뿌리에서 나온 잎은 잎자루가 길고
다섯 개의 작은 잎으로 이루어지는데
가장자리에 고르지 않은 톱니가 있다.
용도/관상용
생육상/여러해살이풀

열매

눈개승마

장미과
Aruncus dioicus var. kamtschaticus **HARA.**

속명/죽토자(竹土子), 가승마(假升麻)
분포지/중부·북부 지방의 높은 산 숲 가장자리

개화기/5, 6월

꽃색/노란 빛이 도는 흰 색

결실기/8월 골돌

높이/100cm 안팎

특징/깃 모양의 겹잎이 두세 차례 붙고 잎은 좁고 둥근데 윤기가 있으며
가장자리에는 톱니가 있다.

용도/관상용, 약용(풀 전체)

생육상/여러해살이풀

산용담

용담과
Gentiana algida **PALL.**

속명/산과남풀, 고용담(苦龍膽)
분포지/북부 지방의 높은 산 암석지를 비롯한 백두산의 초원 지대
개화기/7, 8월
꽃색/연한 노란 빛이 도는 흰색
결실기/10월 삭과
높이/8~15cm
특징/몇 개의 뿌리에서 나온 잎이 모여 달리며 잎은 침같이 생겼지만
끝이 둔하고 꽃은 위를 향해 한 송이가 달린다.
용도/관상용, 약용(뿌리)
생육상/여러해살이풀

박새

백합과
Veratrum grandiflorum(MAXIM) LOES. fil.

속명/대화여로, 여로(藜蘆), 동운초(東雲草)
분포지/남부·중부·북부 지방의 높은 산 꼭대기에 좀 축축한 풀숲
개화기/6~8월
꽃색/연한 노란 빛이 도는 흰색
결실기/10월 삭과
높이/1~150cm
특징/잎은 줄기에 어긋나게 붙고 가운데 잎은 넓은 타원꼴로서
세로로 주름이 지며 꽃은 둥글고 뾰족한 꽃차례에 달린다.
용도/관상용, 약용(뿌리, 줄기)(유독성 식물)
생육상/여러해살이풀

박새 군락

단풍취

국화과
Ainsliaea acerifolia SCH-BIP.

속명/괴발딱취, 장이나물, 괴불딱취, 축엽토인풍
분포지/전국의 높은 산 나무 숲
개화기/7~9월
꽃색/연한 붉은 빛이 도는 흰색
결실기/11월 수과
높이/38~80cm
특징/잎은 원줄기 가운데에 4~7개가 돌려 달리고 대체로 둥근 모양이다.
꽃은 통 모양의 꽃차례에 달린다.
용도/식용, 관상용
생육상/여러해살이풀

긴잎쥐오줌풀

마타리과
Valeriana fauriei BRIQ. *var. integra* NAKAI.

속명/깊잎쥐오줌, 둥근잎섬쥐오줌풀, 전녹엽힐초(全綠葉詰草), 길초(吉草)
분포지/울릉도의 산지 습한 곳
개화기/5〜8월
꽃색/연한 붉은 빛이 도는 흰색
결실기/11월 건과
높이/40〜80cm
특징/뿌리에서 나온 잎은 꽃이 필 무렵에 없어지고 줄기의 잎은 마주 나며
5〜7개로 갈라지는데 잎조각에는 톱니가 없다. 우리 나라 특산 식물이다.
용도/식용, 약용(뿌리)
생육상/여러해살이풀

노란색

회향 군락

돌꽃

돌나물과
Rhodiola elongata(LEDEB.)
FISCH. *et* MEYER.

속명/장홍경천(長紅景天)
분포지/북부 지방의 높은 산 돌틈이나 풀밭, 백두산 높은 곳
개화기/7, 8월
꽃색/붉거나 노란 빛이 도는 흰색
결실기/10월 골돌
높이/10cm 안팎
특징/피침형의 잎이 줄기에 어긋나게 붙는다.
용도/관상용
생육상/여러해살이풀

열매

낙지다리

돌나물과
Penthorum chinense **PURSH.**

속명/차근채
분포지/도랑가, 산골짜기 등지의 습한 곳
개화기/7월
꽃색/노란 빛이 도는 흰색
결실기/9월 골돌
높이/30~70cm
특징/잎자루가 없고 막질이며 잎은 줄기에 어긋나게 붙는다.
용도/밀원용, 약용(뿌리)
생육상/여러해살이풀

해란초

현삼과
Linaria japonica **MIQ**.

속명/운란초, 유천어(柳穿魚), 해란
분포지/남부·중부·북부 지방의 바닷가 모래 땅
개화기/7, 8월
꽃색/연한 노란색
결실기/10월 삭과
높이/15~40cm
특징/잎은 마주 나거나 3, 4개가 돌려 나지만 윗 부분에서는 어긋나게 붙고
꽃은 모여 달리는 꽃차례에 달린다.
용도/관상용
생육상/여러해살이풀

개황기

콩과
***Astragalus uliginosus* LINNE.**

속명/습지황기
분포지/북부 지방의 높은 산 산기슭이나 백두산 천지 주변
개화기/6~8월
꽃색/연한 노란색
결실기/10월 협과
높이/100cm 안팎
특징/잎은 줄기에 어긋나게 붙고 긴 타원
모양이며 꽃은 모여 달리는 꽃차례에 핀다.
용도/약용(뿌리)
생육상/여러해살이풀

열매

개황기 군락

참배암차즈기

꿀풀과
Salvia chanroenica NAKAI.

속명/산뱀배추, 단삼,
서미초, 여지초,
설견초(雪見草)
분포지/중부 지방의
높은 산 풀숲
개화기/7, 8월
꽃색/연한 노란색
결실기/9월 삭과
높이/40~50cm
특징/잎은 달걀꼴의
긴 타원형이고
가장자리에 뾰족한
둥근 톱니가 있다.
꽃은 둥글게 퍼져
달리는 꽃차례에 핀다.
용도/식용, 관상용,
약용(풀 전체)
생육상/여러해살이풀

닭의난초

난초과
***Epipactis thunbergii* A. GRAY.**

속명/닭의란
분포지/제주도를
비롯한 전국 산골짜기의
축축한 풀숲
개화기/6, 7월
꽃색/등불빛이 도는
노란색이거나
노란색이 도는 갈색
결실기/9월 삭과
높이/30~70cm
특징/잎은 줄기에
어긋나게 붙고 꽃은
모여 달리는
꽃차례에 핀다.
용도/관상용
생육상/여러해살이풀

노랑하늘말나리

백합과
Lilium tsingtauense **GILG.**
var. carneum **NAKAI.**

속명/푸른하늘말나리,
황소근백합
(黃小芹百合)
분포지/중부 지방의
높은 산 숲 속
개화기/7, 8월
꽃색/노란색
결실기/10월 삭과
높이/100cm 안팎
특징/큰 잎이
돌려서 나는 것과
어긋나게 달리는 작은
잎을 한꺼번에
볼 수 있으며 어긋난
잎은 위로 갈수록
작아진다.
용도/식용, 관상용,
약용(비늘 줄기)
생육상/여러해살이풀

섬말나리

백합과
Lilium hansonii **LEICHTL.**

속명/성인봉나리, 합상
백합(哈桑百合)
분포지/울릉도
성인봉의 숲 속 그늘
개화기/6, 7월
꽃색/붉은 빛을 띤
노란색
결실기/10월 삭과
높이/50~100cm
특징/원줄기에 몇 층의
돌려나는 잎과 어긋나게
붙는 잎이 달리고
잎은 꺼꿀 피침형 또는
긴 타원형이다.
우리 나라
특산 식물이다.
용도/식용, 관상용,
약용(비늘 줄기)
생육상/여러해살이풀

노랑원추리

백합과
Hemerocallis thunbergii **BAK**.

속명/황원추리,
황향훤(黃香萱)
분포지/전국의 산 풀밭
개화기/6, 7월
꽃색/푸른 기운이 도는
노란색
결실기/10월 삭과
높이/100cm 안팎
특징/잎은 두 줄로
돋아나고 부챗살처럼
퍼지지만 곧게 서며
윗 부분만 뒤로
젖혀진다.
용도/식용, 관상용,
밀원용, 약용(뿌리, 잎)
생육상/여러해살이풀

각시원추리

백합과
Hemerocallis dumortieri **MORR**.

속명/각씨원추리
분포지/남부·중부·북부 지방의 산 풀숲에서 자란다.
개화기/6, 7월
꽃색/노란색
결실기/8월 삭과
높이/50cm 안팎
특징/서로 껴안은 듯한 잎이 마주 나며 윗 부분이 활처럼 뒤로 젖혀진다.
용도/식용, 관상용, 밀원용, 약용(뿌리)
생육상/여러해살이풀

큰원추리

백합과
Hemerocallis middendorfii **TRAUTV.** *et*
MEYER.

속명/금침채, 금훤(金萱)
분포지/남부·중부·북부 지방의 산 풀밭

개화기/6, 7월

꽃색/노란색

결실기/10월 삭과

높이/60cm 안팎

특징/서로 껴안은 것 같은 잎이 마주 나고 윗 부분이 활처럼 굽어서 뒤로 젖혀진다.

용도/식용, 밀원용, 관상용, 약용(뿌리, 잎)

생육상/여러해살이풀

삿갓나물

백합과
Paris verticillata **M.V.BIEB.**

속명/삿갓풀
분포지/남부·중부·북부
지방의 산 속 그늘
개화기/6, 7월
꽃색/노란 빛이 도는
푸른색
결실기/8, 9월
장과
높이/20~40cm
특징/원줄기 끝에
여덟 개의 잎이
돌려나고 잎은
긴 타원형 또는 넓은
피침형이다.
용도/관상용,
약용(뿌리, 줄기)
(유독성 식물)
생육상/여러해살이풀

큰물레나물

물레나물과
Hypericum ascyron L. *var. longistylum* MAX.

속명/장주해당
(長柱海棠),
대연요(大連翹)
분포지/전국 산과
들의 풀숲
개화기/6~8월
꽃색/약간 붉은 빛이
도는 노란색
결실기/11월 삭과
높이/60~100cm
특징/끝이 뾰족한 피침
꼴의 잎이 원줄기에
마주 달리고 꽃은
흐트러진
꽃차례에 핀다.
용도/식용, 관상용,
약용(풀 전체)
생육상/여러해살이풀

고추나물

물레나물과
Hypericum erectum **THUNB.**

속명/소연요(小連翹)
분포지/전국 산과 들의
좀 축축한 풀밭
개화기/7, 8월
꽃색/노란색
결실기/9월 삭과
높이/20~60cm
특징/마주 나는 잎이
원줄기를 감싸며
잎은 둔한 피침형이고
꽃은 흐트러진
꽃차례에 달린다.
용도/식용, 관상용,
약용(풀 전체)
생육상/여러해살이풀

열매

채고추나물

물레나물과
Hypericum attenuatum CHOIS.

속명/채고추, 간산편
분포지/전국 산지의
풀밭
개화기/7, 8월
꽃색/노란색
결실기/10월 삭과
높이/30~80cm
특징/잎자루가 없는
잎이 원줄기를 반쯤
감싸고 잎은
긴 타원형에다가
끝이 둔하다.
용도/식용, 관상용,
약용(풀 전체)
생육상/여러해살이풀

미나리아재비

미나리아재비과
Ranunculus japonicus **THUNB.**

속명/놋동이, 자래초,
바구지,
애기미나리아재비,
모랑, 노호초, 수랑,
일본모랑
분포지/전국 산과 들의
축축한 풀밭
개화기/6월
꽃색/노란색
결실기/7월 수과
높이/50cm 안팎
특징/뿌리에서 나온
잎은 잎자루가 길고
다섯 모가 진 둥근
심장 모양이며
세 줄기로
깊게 갈라진다.
용도/약용(풀 전체)
(유독성 식물)
생육상/여러해살이풀

애기금매화

미나리아재비과
Trollius japonicus **MIQ.**

속명/아기금매화, 꽃금매화, 일본금련화(日本金蓮花)
분포지/북부 지방 높은 산의 좀 축축한 풀숲이나 백두산의 높은 곳
개화기/7, 8월
꽃색/노란색
결실기/10월 골돌
높이/60cm 안팎
특징/원줄기에 잎자루가 없는 잎이 2, 3개 어긋나게 붙고 둥글며
꽃은 흩어진 꽃차례에 핀다.
용도/관상용
생육상/여러해살이풀

좁쌀풀

앵초과
Lysimachia davarica **LEDEBOUR.**

속명/좁쌀까치수염,
황련화(黃蓮花)
분포지/전국 산과 들의
풀숲
개화기/6~8월
꽃색/노란색
결실기/10월 삭과
높이/40~100cm
특징/잎은 줄기에 마주
나거나 돌려 나는데
피침형 또는 좁은
달걀꼴이다.
꽃은 둥글고 뾰족한
꽃차례에 달린다.
용도/식용, 관상용,
약용(풀 전체)
생육상/여러해살이풀

참좁쌀풀

앵초과
Lysimachia coreana **NAKAI.**

속명/조선까치수염, 고려까치수염, 조선진주채(朝鮮珍珠菜)
분포지/중부·북부 지방의 깊은 산 산기슭이나 높은 산 풀숲
개화기/6~8월
꽃색/노란색
결실기/10월 삭과
높이/50~100cm
특징/잎은 돌려 나거나 마주 나고 타원형 또는 달걀꼴이다.
우리 나라 특산 식물이다.
용도/식용, 관상용, 약용(잎)
생육상/여러해살이풀

달맞이꽃

바늘꽃과
Oenothera odorata **JACQ.**

속명/금달맞이꽃, 월견초(月見草), 월하향(月下香), 야래향(夜來香), 산지마(山芝麻)
분포지/전국의 산과 들녘 길가 풀숲(남미 칠레가 원산인 귀화 식물)
개화기/7, 8월
꽃색/노란색
결실기/10월 삭과
높이/50~90cm
특징/뿌리에서 나온 잎은 꽃방석같이 퍼지며
줄기에 어긋나게 붙고
긴 피침형이다.
용도/관사용, 약용(뿌리, 풀 전체, 씨)

열매

큰달맞이꽃

바늘꽃과
Oenothera lamarckiana **SERINGE.**

속명/왕달맞이꽃, 월견초(月見草), 홍간월견초(紅杆月見草)
분포지/남부·중부·지방의 바닷가 들녘 풀밭(북미 원산의 귀화 식물)
개화기/6~8월
꽃색/노란색
결실기/9월 삭과
높이/1~1.5m
특징/잎은 줄기에 어긋나게 붙고 달걀처럼 생겼다.
용도/관사용, 약용(씨)
생육상/두해살이풀

회향

미나리과
Foeniculum vulgare **GAERTNER.**

속명/회향풀,
소회향(小茴香),
각회향(角茴香)
분포지/전국의
산과 들에서 약초로
재배된다.
(남유럽 원산)
개화기/7, 8월
꽃색/노란색
결실기/9월 분과
(열매가 흩어진다)
높이/150cm 안팎
특징/잎은 모여 달리고
3, 4회 깃 모양으로
깊게 갈라진다.
용도/식용, 약용(뿌리)
생육상/두해살이풀

물양지꽃

장미과
***Potentilla cryptotaeniae* MAX.**

속명/물양지,
낭아위릉채
(狼牙爲陵菜)
분포지/중부·북부·
지방의 깊은 산골짜기
축축한 곳
개화기/7, 8월
꽃색/노란색
결실기/8월
수과
높이/30~100cm
특징/뿌리에서 나온
잎은 꽃이 필 무렵에
말라 없어지고 줄기에
어긋나게 붙는다.
용도/식용
생육상/여러해살이풀

물양지꽃 군락

돌양지꽃

장미과
Potentilla dickinsii **FR. *et* SAV.**

속명/돌양지,
섬양지꽃,, 암생위릉채
(岩生委陵菜)
분포지/중부·북부
지방의 높은 산
바위 표면
개화기/6, 7월
꽃색/노란색
결실기/8월 수과
높이/10~20cm
특징/뿌리에서 나온
잎은 잎자루가 길며
잎의 뒷면에는 흰 빛이
돌고 턱잎은 뾰족한
피침형이다.
용도/식용
생육상/여러해살이풀

딱지꽃

장미과
Potentilla chinensis **SER.**

속명/호미초, 동록풀, 백두옹, 함마초, 근두채, 황연미, 번백초(蒜白草),
위능채(委陵菜)
분포지/전국 들녘의 길가 둑이나 풀숲
개화기/6, 7월
꽃색/노란색
결실기/9월 폐과
높이/30〜60cm
특징/잎은 깃꼴 겹잎으로서 모여 나고 뒷면에는 솜 같은 털이 빽빽히 나 있다.
꽃은 사방으로 둥글게 흩어진 꽃차례에 핀다.
용도/식용, 약용(뿌리)
생육상/여러해살이풀

털딱지꽃

장미과
***Potentilla chinensis* SER. *var. concolor*
FR *et* SAV.**

속명/털딱지, 동색위능채(同色委陵菜)
분포지/중부·북부 지방의 산과 들 길가 풀숲
개화기/6~8월
꽃색/노란색
결실기/9월 폐과
높이/30~60cm
특징/잎은 깃꼴 겹잎으로서 줄기에 어긋나게 붙는다.
꽃은 사방으로 둥글게 흩어진 꽃차례에 달린다.
용도/식용, 약용(뿌리)
생육상/여러해살이풀

짚신나물

장미과
Agrimonia pilosa **LEDEB.**

속명/짚신풀, 동아초,
당아초, 용아초(龍芽
草), 지동풍(地洞風),
모자초, 지선초
(地仙草)
분포지/전국 산과 들의
길가 풀숲
개화기/6~8월
꽃색/노란색
결실기/9월 수과
높이/30~100cm
특징/잎은 깃꼴
겹잎이며 줄기에
어긋나게 붙고
가장자리에 톱니가
있다. 턱잎은 반달
모양이고 꽃은 모여
달리는 꽃차례에 핀다.
용도/식용, 약용
(풀 전체)
생육상/여러해살이풀

큰뱀무

장미과
Geum aleppicum **JACQ.**

속명/수양매(水楊梅), 산연화(山烟花), 양매(楊梅), 해당채(海棠菜)
분포지/전국 산과 들의 산골짜기 길가 풀숲
개화기/6, 7월
꽃색/노란색
결실기/8월 수과
높이/30～100cm
특징/뿌리에서 나온 잎은 잎자루가 길고 네모 진 달걀꼴의 깃꼴 겹잎이다.
꽃은 흩어진 꽃차례에 달린다.
용도/식용, 약용(잎, 줄기)
생육상/여러해살이풀

뱀무

장미과
Geum japonicum **THUNB.**

속명/일본수양매
(日本水楊梅),
수양매(水楊梅)
분포지/중부 지방과
울릉도의 산과 들 풀숲
개화기/6, 7월
꽃색/노란색
결실기/8월 수과
높이/25~100cm
특징/뿌리에서 나온
잎은 잎자루가 길고
깃 모양의 작은 잎은
심장처럼 생겼다.
꽃은 흩어진
꽃차례에 달린다.
용도/식용,
약용(풀 전체)
생육상/여러해살이풀

두메양귀비

양귀비과
Papaver radicatum ROTTB *var.*
pseudoradicatum(KITAGAWA) KITAGAWA

속명/산양귀비, 두메아편꽃, 산대연(山大烟), 연화(烟花), 조선앵속(朝鮮罌粟)
분포지/북부 지방의 높은 산 풀숲과 백두산 꼭대기
개화기/6~8월
꽃색/노란색
결실기/10월 삭과
높이/10cm 안팎
특징/뿌리에서 나온 잎은 모여 나고 잎자루가 길다. 잎조각은 타원형
또는 피침형이고 꽃은 머리 모양의 꽃차례에 달린다.
용도/관상용, 약용(열매)
생육상/여러해살이풀

매미꽃

양귀비과
Hylomecon hylomeconoides(NAKAI) Y.LEE.

속명/여름매미꽃, 하청화(荷靑花)
분포지/제주도를 비롯한 남부·중부 지역의 산 속 축축한 그늘
개화기/6, 7월
꽃색/노란색
결실기/7월 삭과
높이/20cm 안팎
특징/뿌리에서 나온 잎은 잎자루가 길고 한 차례 깃꼴 겹잎이다.
가장자리에 날카로운 톱니가 있고 잎자루와 더불어 털이 있다.
용도/관상용(유독성 식물)
생육상/여러해살이풀

왜개연꽃

수련과
Nuphar pumilum(TIMM.) DC.

속명/개연, 개련꽃,
개잎련, 왜개련꽃,
천골(川骨),
평연초(萍蓮草),
평봉초(萍蓬草)
분포지/중부 지방의
늪이나 연못
개화기/8, 9월
꽃색/노란색
결실기/10월 삭과
높이/30cm 안팎
특징/잎자루가 길고
물 위에 떠 있는 잎은
넓은 달걀꼴의 둥근
잎이나 타원형이다.
꽃은 한 송이가
위를 향해 달린다.
용도/관상용,
약용(뿌리, 잎)
생육상/여러해살이풀

벌노랑이

콩과
Lotus corniculatus var. japonicus **REGEL.**

속명/벌조장이, 별노랑이, 노랑들콩, 오엽초, 황금화(黃金花), 백맥근(百脈根)
분포지/제주도를 비롯한 남부·중부·북부의 산이나 바닷가 풀숲
개화기/8, 9월
꽃색/노란색
결실기/8월 협과
높이/30cm 안팎
특징/잎은 줄기에 어긋나게 붙고 다섯 개의 작은 잎으로 이루어지지만 밑에 있는
두 개의 작은 잎은 원줄기에 바싹 붙어 턱잎같이 보인다.
용도/관상용, 약용(풀 전체)
생육상/여러해살이풀

차풀

콩과
Cassia mimosoides var. nomame **MAKINO.**

속명/며느리감나물, 며누리감나물, 산편두(山扁豆)
분포지/전국의 낮은 산과 들 풀숲
개화기/7, 8월
꽃색/노란색
결실기/10월 협과
높이/30~60cm
특징/깃 모양의 겹잎이 어긋나게 붙고 줄기의 길이가 3~8cm이며
작은 잎이 30~70개쯤 붙는다. 꽃은 줄기와 잎자루 사이에 달린다.
용도/약용(풀 전체)
생육상/한해살이풀

기린초

돌나물과
Sedum kamtschaticum **FISH.**

속명/북경천, 넓은 잎꿩의비름, 꿩의비름, 혈산초, 비채(費菜)
분포지/중부·북부 지역의 산 바위틈이나 길가 풀숲
개화기/6, 7월
꽃색/노란색
결실기/9월 골돌
높이/30cm 안팎
특징/잎은 줄기에 어긋나게 붙고 꺼꿀 피침형으로서 길이는 2~4cm이다. 잎의 양면은 대체로 매끄러우며 꽃은 흩어진 꽃차례에 핀다.
용도/식용, 관상용, 약용(뿌리, 잎)
생육상/여러해살이풀

애기기린초

돌나물과
Sedum middendorffianum **MAX.**

속명/각씨기린초,
애기꿩의비름,
구경천(狗景天)
분포지/중부·북부의
높은 산 바위 표면
개화기/7, 8월
꽃색/노란색
결실기/10월 골돌
높이/20cm 안팎
특징/잎자루가 없는
잎이 줄기에 어긋나게
붙는다. 잎은 좁은
피침형에다가 끝이
날카롭거나 둔하다.
꽃은 흩어진 꽃차례에
달린다.
용도/관상용
약용(뿌리)
생육상/여러해살이풀

애기기린초 군락

가는기린초

돌나물과
Sedum aizoon L.

속명/가는집우지기, 꿩의비름, 토삼칠(土三七),
황화채(黃花菜), 경천(景天), 후두초(厚頭草)
분포지/전국의 깊은 산 골짜기 바위틈이나 풀숲
개화기/6~8월
꽃색/노란색
결실기/10월 골돌
높이/20~50cm
특징/꺼꿀 피침형의 잎이 줄기에 어긋나게 붙고 끝이 둔하며 둔한 톱니가 있다.
꽃은 흩어진 꽃차례에 핀다.
용도/관상용, 약용(뿌리, 꽃)
생육상/여러해살이풀

섬기린초

돌나물과
Sedum takesimense NAKAI.

속명/울릉기린초, 탑극서경천(塔克西景天)
분포지/울릉도의 바닷가 바위틈
개화기/7, 8월
꽃색/노란색
결실기/10월 골돌
높이/50cm 안팎
특징/끝이 둔한 피침형의 잎이 줄기에 어긋나게 붙고 가장자리에는
6, 7쌍의 둔한 톱니가 있다. 꽃은 흩어진 꽃차례에 핀다.
용도/식용, 관상용, 약용(뿌리)
생육상/여러해살이풀

바위돌꽃

돌나물과
Rhodiola ramosa **LINNE.**

속명/각씨바위돈꽃, 협엽홍경천(狹葉紅景天)
분포지/북부 지방의 높은 산 바위틈이나 백두산 높은 곳
개화기/7, 8월
꽃색/노란색
결실기/10월 골돌
높이/20cm 안팎
특징/피침형의 잎이 줄기에 어긋나게 붙고 꽃은 흩어진 꽃차례에 달린다.
용도/관상용
생육상/여러해살이풀

노랑어리연꽃

조름나물과
Nymphoides peltata(GMEL.) O. KUNTZE.

속명/마름나물, 노랑이, 금연자, 행채(荇菜), 연엽행초(蓮葉荇草)
분포지/남부·중부의 연못이나 축축한 곳
개화기/7~9월
꽃색/노란색
결실기/9월 삭과
높이/1m 안팎
특징/잎이 마주 나고 잎자루가 길어서 잎은 물 밖으로 뜨며
가장자리에는 둔한 톱니가 있다. 꽃은 흩어진 꽃차례에 달린다.
용도/식용, 관상용, 약용(풀 전체)
생육상/여러해살이풀

솔나물

꼭두선과
Galium verum var. asiaticum **NAKAI.**

속명/큰솔나물,
송엽초(松葉草),
황미화(黃米花),
봉자채(蓬子菜)
분포지/전국의
산과 들 풀숲
개화기/6~8월
꽃색/노란색
결실기/9월 핵과
높이/70~100cm
특징/잎은 8~10개가
돌려 나며 끝이
뾰족하다. 꽃은 둥글고
뾰족한 꽃차례에
달린다. 우리 나라
특산 식물이다.
용도/식용, 밀원용,
관상용
생육상/여러해살이풀

통발

통발과
Utricularia japonica **MAKINO**.

속명/일본통발, 이조(狸藻)
분포지/제주도를 비롯한 남부·중부·북부의 논이나 연못
개화기/8, 9월
꽃색/노란색
결실기/10월 삭과
높이/10~15cm
특징/벌레를 잡아먹는 풀로서 잎은 줄기에 어긋나게 붙고 길이는 3~6cm이다.
잎조각에 가시 같은 잔 톱니가 있다. 꽃은 모여 달리는 꽃차례에 핀다.
용도/관상용
생육상/여러해살이풀

전동싸리

콩과
Melilotus suaveolens **LEDEB.**

속명/전등싸리,
멜리로투스초,
초목서(草木犀),
야초목서(野草木犀),
야화생(野花生)
분포지/제주도를
비롯한 남부·중부
지역의 산과 들 바닷가
풀숲(중국 원산)
개화기/7, 8월
꽃색/노란색
결실기/10월 협과
높이/60~90cm
특징/잎은 줄기에
어긋나게 붙고 작은
잎은 세 개나 돋는데
긴 타원형이거나
꺼꿀 피침형으로서
끝이 둔하거나 둥글다.
용도/관상용, 약용
(풀 전체)
생육상/두해살이풀

전동싸리 군락

노랑상사화

수선과
Lycoris radiata **HERB. HERBERT.**

속명/개상사화, 금나비상사화, 꽃무릇, 노랑꽃무릇, 까마귀무릇, 야산, 이별초,
노아산, 석산(石蒜), 상사화(想思花)
분포지/남부·중부의 깊은 산 숲속 그늘의 축축한 곳

개화기/8, 9월

꽃색/노란색

결실기/9월부터 삭과

높이/60cm 안팎

특징/봄에 잎이 나와 초여름에 없어진다. 잎은 모여 나고
끝이 둔하다. 잎의 길이는 60cm쯤이며 꽃은 사방으로 흩어진 꽃차례에 달린다.
용도/관상용, 약용(비늘 줄기)(유독성 식물)
생육상/여러해살이풀

도꼬로마

마과
***Dioscorea tokoro* MAKINO.**

속명/왕마, 큰마, 도고로마, 비해, 산초해
분포지/제주도를 비롯한 남부·중부·북부 지역의 모든 산과 들의 숲 가장자리
개화기/6, 7월
꽃색/노란색
결실기/10월 삭과
높이/1, 2m
특징/잎이 어긋나게 붙으며 생김새는 심장 모양이다. 잎의 끝이 뾰족하고
가장자리가 밋밋하며 꽃은 곧게 서는 꽃차례에 달린다.
용도/관상용, 약용(뿌리 덩이)(유독성 식물)
생육상/여러해살이풀

금불초

국화과
Inula britannica **LINNE** *ssp.*
japonica **KITAMURA.**

속명/들국화, 금잔화,
하국, 옷풀,
선복화(旋複花)
분포지/전국 산과 들의
축축한 풀숲
개화기/6~9월
꽃색/노란색
결실기/11월 수과
높이/20~60cm
특징/뿌리에서 나온
잎과 밑 부분의 잎은
피침형 또는
긴 타원형이고 끝이
약간 뾰족하다.
꽃은 사방으로 흩어진
꽃차례에 달린다.
용도/식용, 관상용,
약용(풀 전체)
생육상/여러해살이풀

버들금불초

국화과
Inula salicina var. asiatica **KITAMURA.**

속명/버들잎금불초, 버들금불초꽃, 가선초(歌仙草)
분포지/남부·중부·북부의 산과 들 양지 쪽 풀밭

개화기/6~8월

꽃색/노란색

결실기/9월 수과

높이/60~80cm

특징/잎은 어긋나게 붙고 잎의 밑 부분이 원줄기를 감싼다. 길이는 5~8cm이며
표면이 좀 거친 편이고 가장자리에 점 같은 톱니와 더불어 털이 나 있다.

용도/식용, 관상용, 약용(풀 전체)

생육상/여러해살이풀

잇꽃

국화과
Carthamus tinctorius **L.**

속명/이꽃, 이시꽃,
초홍화, 호람화, 호얘꽃,
홍란, 홍화(紅花),
황단
분포지/각처의 약초
농가에서 재배한다.
(이집트 원산)
개화기/7, 8월
꽃색/노랗거나 붉은색
결실기/10월 수과
높이/1m 안팎
특징/넓은 피침형의
잎이 줄기에 어긋나게
붙고 가장자리에는
톱니가 있다.
꽃은 머리 모양의
꽃차례에 달린다.
용도/공업용, 약용(씨)
생육상/두해살이풀

삼잎방망이

국화과
Senecio cannabifolius **LESS.**

속명/삼잎나물
분포지/북부 지방의 높은 산 풀밭이나 백두산의 높은 곳
개화기/7, 8월
꽃색/노란색
결실기/10월 수과
높이/1, 2m
특징/잎은 줄기에 어긋나게 붙으며 길이는 10~20cm이다.
잎의 뒷면에 잔 털이 있고 깃 모양으로 갈라지며
잎조각은 끝이 날카롭고 안으로 굽은 잔 톱니가 있다.
용도/관상용
생육상/여러해살이풀

금방망이

국화과
Senecio nemorensis **L.**

속명/황완
분포지/제주도를 비롯한 남부·중부·북부지방의 높은 산 축축한 풀밭
개화기/7, 8월
꽃색/노란색
결실기/10월 수과
높이/1m 안팎
특징/잎은 줄기에 어긋나게 붙고 뿌리에서 나온 잎은 꽃이 필 때 없어지고
가운데 잎은 잎자루가 짧고 피침형 또는 긴 타원형의 피침형이다.
용도/관상용
생육상/여러해살이풀

여우오줌

국화과
Carpesium macrocephalum FR. *et* SAV.

속명/왕담배풀, 여우오좀, 대화금알이(大花金控耳), 산황연(山黃烟), 야황연(野黃烟)
분포지/중부·북부지방의 산 속

개화기/8, 9월

꽃색/노란 색

결실기/10월 수과

높이/1m 안팎

특징/밑 부분의 잎은 달걀꼴이고 잎자루가 길며 잎의 길이는 30~40cm이다.
잎의 가장자리에는 고르지 않은 톱니가 있고 잎조각에도 고르지 않은 톱니가 있다.

용도/식용, 약용(풀 전체)

생육상/여러해살이풀

화살곰취

국화과
Ligularia jamesii(HEMSL.) KOM.

속명/단화탁오
분포지/북부 지방
높은 산의 풀숲이나
백두산의 높은 곳
개화기/7, 8월
꽃색/노란색
결실기/9월 수과
높이/20~60cm
특징/잎은 줄기에
어긋나게 붙고
생김새는 세모꼴 또는
콩팥 모양이며
표면의 맥 위와
가장자리에 털이 있다.
뒷면에는 털이 없으며
가장자리에 고르지 못한
톱니가 있다.
용도/식용, 약용
(풀 전체)
생육상/여러해살이풀

화살곰취 군락

애기담배풀

국화과
Carpesium rosulatum **MIQ.**

속명/희안수초(姬雁首草)
분포지/제주도와 울릉도를 비롯한 다도해 섬 지방 등의 메마른 숲
개화기/7, 8월
꽃색/노란색
결실기/10월 수과
높이/15~45cm
특징/뿌리에서 나온 잎은 꽃이 필 때까지 남아 있는데 생김새는 주걱 같은
피침형이다. 잎의 길이는 6~15cm이며 가장자리에 고르지 않은 톱니가 있다.
용도/식용, 약용(풀 전체)
생육상/여러해살이풀

수박풀

무궁화과
Hibiscus trionum L.

속명/조로초(朝露草)
분포지/전국의 낮은 곳 풀밭(중앙 아프리카 원산)
개화기/7, 8월
꽃색/연한 노란색
결실기/10월 삭과
높이/30〜60cm
특징/잎은 줄기에 어긋나게 붙고 잎자루가 있다. 잎은 3〜5줄기로 갈라지는데
윗 부분의 것은 세 개로 깊게 갈라지고 가운데 조각이 가장 크며
가장자리에 톱니가 있다.
용도/관상용
생육상/한해살이풀

녹색

약모밀 군락

약모밀

삼백초과
Houttuynia cordata **THUNB.**

속명/취채(臭菜),
필관채(筆管菜),
십약(十藥), 즙채(汁菜),
어성초(魚腥草)
분포지/중부 지방을
비롯한 울릉도와
제주도의 낮고
축축한 곳
개화기/5~7월
꽃색/연한 노란색
결실기/9월 삭과
높이/30~50cm
특징/넓은 달걀꼴의
잎이 줄기에 어긋나게
붙고 다섯 개의
잎맥이 있다.
잎자루가 길며 끝이
뾰족하고 가장자리에
톱니가 있다.
용도/관상용,
약용(풀 전체)
생육상/여러해살이풀

산제비난

난초과
Platanthera mandarinorum REICHB. fil.

속명/산제비란초
분포지/제주도를 비롯한 남부·중부·북부의 산골짜기 양지
개화기/5~7월
꽃색/연한 녹색
결실기/10월 삭과
높이/20~40cm
특징/잎은 피침형의 긴 타원형이고 길이는 6~12cm이다.
꽃은 사방으로 흩어진 꽃차례에 핀다.
용도/관상용
생육상/여러해살이풀

제비잠자리난

난초과
Tulotis ussuriensis **HARA.**

속명/제비란
분포지/중부 지방
낮은 곳의 풀숲
개화기/7, 8월
꽃색/연한 녹 색
결실기/9월 삭과
높이/20～35cm
특징/잎은 긴 타원형
또는 넓은 꺼꿀
피침형이고 길이는
5～15cm이다.
용도/관상용
생육상/여러해살이풀

좀꿩의다리

미나리아재비과
Thalictrum minus var.
hypoleucum(S. ET Z.) MIQ.

속명/툰벨기꿩의다리,
백배엽당송초
(白背葉唐松草)
분포지/골짜기나
논둑, 밭둑
개화기/7, 8월
꽃색/노란 빛이 도는
녹색
결실기/10월 수과
높이/40~120cm
특징/잎은 어긋나게
붙고 2, 3번 잎이 세
가닥으로 갈라지며
턱잎에 파도 같은
톱니가 있다.
잎의 길이는
1~3cm쯤이다.
용도/식용
생육상/여러해살이풀

층층둥글레

백합과
Polygonatum stenophyllum **MAK.**

속명/수레둥글레, 층층둥굴래, 협엽황정(狹葉黃精)
분포지/중부·북부 지방의 산과 들이나 낮은 골짜기의 풀숲
개화기/5～7월
꽃색/연한 노란색
결실기/9월 장과
높이/30～90cm
특징/잎은 3 5개가 돌려 나고 좁은 피침형
또는 실같이 생겼으며, 잎의 길이는
대체로 5～11cm이다.
용도/식용, 관상용, 약용(뿌리 줄기)
생육상/여러해살이풀

열매

왕호장

역귀과
Reynoutria sachalinensis(FR. SCHM.)
NAKAI.

속명/왕싱아, 왕호장근, 개호장근, 큼감제풀, 엿앗대, 호장(虎杖)
분포지/울릉도의 숲 속
개화기/6~8월
꽃색/흰색
결실기/8월 수과
높이/2, 3m
특징/긴 달걀꼴의 잎이 어긋나게 붙고 잎의 뒷면에는 흰 빛이 돈다.
용도/식용, 밀원용, 약용(뿌리, 줄기)
생육상/여러해살이풀

만삼(蔓蔘)

도라지과
Codonopsis pilosula (FR.) NANNF.

속명/당삼, 태삼,
선초, 참더덕, 삼성더덕
분포지/중부·북부
지방의 깊은 골짜기나
높은 산 풀숲
개화기/7, 8월
꽃색/연한 푸른 색깔의
꽃이 피고
자주색 맥이 있다.
결실기/10월 삭과
높이/150cm 안팎
특징/잎이 어긋나게
붙는다.
잎은 짧은 가지에서는
마주 나며 달걀꼴의
타원형이며 끝이 둔하고
밑이 둥글며 길이는
1~5cm이다.
용도/식용, 관상용,
약용(뿌리)
생육상/여러해살이
덩굴풀

천마(天麻)

난초과
Gastrodia elata **BLUME.**

속명/수자해좃, 죽간초(竹杆草), 목포(木浦), 적마(赤麻), 적전(赤箭)
분포지/전국의 높은 산기슭 그늘 지고 습한 숲 속
개화기/6, 7월
꽃색/노란 빛이 도는 갈색
결실기/9월 삭과
높이/60~100cm
특징/칼집 모양의 잎은 막질이고 길이는
1, 2cm이다. 잎에는 가는 맥이 있고
밑 부분이 원줄기를 둘러싼다.
용도/관상용, 약용(덩이 뿌리)
생육상/여러해살이풀

뿌리

대황(大黃)

역귀과
Rheum undulatum L.

속명/장군풀, 단맥대황,
당대황(唐大黃),
분포지/산골짜기의
냇가 부근이나 밭
등지에다가 재배한다.
개화기/7, 8월
꽃색/흰 빛이 도는
노란색
결실기/8월 수과
높이/1~1.5m
특징/자줏빛이 도는
긴 잎자루가 있고
잎은 달걀꼴이며
끝이 뾰족하다.
잎의 가장자리가
물결 모양이다.
용도/식용, 관상용,
밀원용,
약용(뿌리, 줄기)
생육상/여러해살이풀

활량나물

콩과
Lathyrus davidii **HANCE.**

속명/강망향
완두(菌芒香豌豆)
분포지/전국 산과 들의
양지 풀숲
개화기/6~8월
꽃색/노란 빛이 도는
갈색
결실기/10월 협과
높이/80~120cm
특징/잎은 어긋나게
붙고 2~4쌍의 작은
잎으로 이루어진
깃꼴 겹잎이다.
표면은 푸른색이다.
뒷면은 분을 바른 듯한
흰 색이고 가장자리에
톱니가 있다.
용도/식용, 밀원용,
약용(꽃, 풀 전체)
생육상/여러해살이풀

골풀

골풀과
Juncus effusus var. decipiens **BUCHEN.**

속명/질골, 등심,
등심초,
수등심, 야석초(野席草),
수총(水蔥)
분포지/전국의 산과
들, 도랑가
개화기/6, 7월
꽃색/노란 빛이 도는
녹색
결실기/10월 삭과
높이/25～100cm
특징/잎은 원줄기
밑 부분에 달리며
비늘 모양이다.
용도/관상용, 공업용,
약용(풀 전체)
생육상/여러해살이풀

파란여로

백합과
Veratrum maackii var. parviflorum **HARA et MIZUSHIMA.**

속명/여로(黎蘆)
분포지/전국의 높은 산 풀밭
개화기/7, 8월
꽃색/노란 바탕에 연한 녹색
결실기/9월 삭과
높이/50~100cm
특징/잎은 어긋나게 붙고 원줄기의 밑에
달리며 밑 부분의 잎은 긴 타원형 또는
달걀꼴이고 끝이 뾰족하다.
용도/관상용, 약용(뿌리, 줄기)(유독성 식물)
생육상/여러해살이풀

열매

더덕

도라지과
Codonopsis lanceolata(S. et Z.) TRAUTV.

속명/사삼(沙蔘),
양유(洋乳)
분포지/전국의 모든 산
개화기/8, 9월
꽃색/흰 빛을 띤 청색,
꽃잎에는 자주색
반점이 박힌다.
결실기/11월 삭과
높이/2m 안팎
특징/잎은 어긋나게
붙거나 네 개의 잎이
서로 마주 난 것같이
보인다. 잎의 길이는
3~10cm이며 털이
없고 잎 표면은
푸른색이다.
용도/식용, 관상용,
약용(뿌리)
생육상/여러해살이
덩굴풀

참소루장이

역귀과
***Rumex japonicus* HOUTT.**

속명/참송구지,
소리쟁이, 소루장이,
솔구지, 참소루쟁이,
참소리쟁이, 소로지,
양제근(羊蹄根), 토대황
(土大黃), 양제(羊蹄)
분포지/전국의 들이나
집 근처의 좀 축축한 땅
개화기/5~7월
꽃색/연한 녹색
결실기/10월 수과
높이/40~100cm
특징/뿌리에서 나온
잎에는 긴 잎자루가
있고 생긴 모양은
달걀꼴의 타원형이다.
용도/식용,
약용(뿌리, 줄기)
생육상/여러해살이풀

붉은색

둥근이질풀 군락

우산나물

국화과
Syneilesis palmata (THUNB.) MAX.

속명/토아산(兎兒傘), 원추화토화산(圓錐花兎兒傘)
분포지/산의 나무 그늘
개화기/6～9월
꽃색/연한 분홍색
결실기/ 10월 수과
높이/ 70～120cm
특징/ 첫 번째 잎자루는 밑 부분이 원줄기를 둘러싸며
첫째 잎은 둥글고 길게 갈라진다. 잎조각은 두 개로
갈라지며 가장자리에는 날카로운 톱니가 있다.
용도/식용, 관상용
생육상/여러해살이풀

새싹

산물봉선

봉선화과
***Impatiens furcillata* HEMSI.**

속명/산물봉숭아, 우형봉선화(又形鳳仙花), 장거봉선화(長距鳳仙花)
분포지/중부 지방의 깊은 산골짜기 습한 곳
개화기/7～9월
꽃색/흰 빛을 띤 분홍색
결실기/10월 삭과
높이/50cm 안팎
특징/넓은 피침형의 잎이 어긋나게 붙고 가장자리에는 날카로운 톱니가 있으며
꽃은 모여 달리는 꽃차례에 달린다.
용도/공업용, 관상용, 약용(잎, 줄기, 씨)(유독성 식물)
생육상/한해살이풀

질경이

질경이과
Plantago asiatica **L.**

속명/길장구,
배부장이, 배합조개,
차전초(車前草),
차전자(車前子)
분포지/전국의 산과 들
길이나 풀섶
개화기/6∼8월
꽃색/흰 빛을 띤 분홍색
결실기/10월 삭과
높이/30cm 안팎
특징/달걀꼴의 잎이
모여 나고 가장자리가
물결 모양이다.
꽃은 이삭 모양의
꽃차례에 달린다.
용도/식용, 관상용,
약용(풀 전체와 씨)
생육상/여러해살이풀

사마귀풀

닭의장풀과
Aneilema japonicum(THUNBERG) KUNTH.

속명/애기달개비, 애기닭의밑씻개, 수죽엽(水竹葉)
분포지/전국 낮은 지역의 습한 곳
개화기/8, 9월
꽃색/연한 자주색
결실기/10월 삭과
높이/30cm 안팎
특징/좁은 피침형의 잎이 줄기에 어긋나게 달리고 길이는 2~6cm이다.
칼집 모양의 꽃이 피고 꽃 전체에는 털이 없다.
용도/식용, 약용(풀 전체)
생육상/한해살이풀

구름국화

국화과
Erigeron alpicola (MAKINO) MAKINO.

속명/동국, 고산봉(高山蓬)
분포지/북부 지방의 높은 산 풀숲이나 백두산 지역의 높은 곳
개화기/7, 8월
꽃색/연한 자주색
결실기/9월 수과
높이/10~35cm
특징/잎은 줄기에 어긋나게 붙고 뿌리에서 나온 잎과 꽃이 없는 꽃줄기의 잎은
주걱 모양이다. 잎의 길이는 5~10cm이며 끝이 둔하고 약간의 톱니가 있다.
용도/관상용
생육상/여러해살이풀

박주가리

박주가리과
Metaplexis japonica **(THUNB.) MAKINO.**

속명/나마,
나마자(蘿摩子)
분포지/전국 산과 들의
숲 가장자리나
냇가 풀숲
개화기/7, 8월
꽃색/연한 자주색
결실기/9월 골돌
높이/3m 안팎
특징/달걀꼴의 잎이
줄기에 마주 나고
길이는 5~10cm이며
가장자리가 밋밋하다.
용도/식용, 공업용,
직물용, 약용(열매, 씨)
생육상/여러해살이풀

열매

술꽃주머니

양귀비과
Adluminia asiatica **OHWI-Aldumia cirrhosa
(NONRAFINESQUE) MORI.**

속명/양꽃주머니, 덩굴며느리주머니, 등하포목단(藤荷包牧丹), 합판화(合瓣花)
분포지/백두산을 비롯한 북부 지방의 깊은 산골짜기나 높은 산의 숲 가장자리
개화기/7, 8월
꽃색/푸른 빛이 도는 자주색
결실기/9월 삭과
높이/120cm 안팎
특징/잎은 마주 나고 깃꼴 겹잎이며 작은 잎은 꺼꿀 피침형 또는 달걀꼴이다.
잎의 끝이 둥글고 가장자리에 톱니가 없다.
용도/관상용
생육상/여러해살이 덩굴풀

개곽향

꿀풀과
Teucrium japonicum **HOUTT.**

속명/일본석잠, 곽향,
모수재(毛秀才)
분포지/제주도를
비롯한 남부·중부·
북부 지방의 산과 들
개화기/7, 8월
꽃색/연한 붉은색
결실기/9월 삭과
높이/30~70cm
특징/긴 타원형의 잎이
줄기에 마주 나고 잎의
길이는 50cm이다.
잎의 끝이 뾰족하고
밑 부분이 둥글며
가장자리에 고르지 않은
톱니가 있다.
용도/식용, 약용
(풀 전체)
생육상/여러해살이풀

상사화

수선과
Lycoris squamigera **MAX.**

속명/개난초, 녹총(鹿蔥)
분포지/남부·중부 지방에서 관상용으로 흔히 심는다.

개화기/7, 8월

꽃색/연한 붉은 빛을 띤 자주색

결실기/11월에 삭과하지만 열매를 맺지 못한다.

높이/60cm 안팎

특징/땅 속의 비늘 줄기는 지름이 4, 5cm이고 껍질은 검은 갈색이다.

6월에 잎이 말라 죽으며 8월에 꽃 줄기가 나와 그 끝에 꽃이 핀다.

용도/관상용, 약용(비늘 줄기)(유독성 식물)

생육상/여러해살이풀

숙은노루오줌

범의귀과
Astilbe Koreana **NAKAI.**

속명/조선홍승마
(朝鮮紅升麻)
분포지/중부·북부
지방의 높은 산이나
깊은 산 골짜기
개화기/6~8월
꽃색/연한 붉은색
결실기/10월 삭과
높이/60cm 안팎
특징/뿌리에서 나온
잎은 잎자루가 길고
2, 3번 잎은 세 개씩
겹잎이다.
잎의 밑 부분이
둔하게 생겼고
길이는 4~11cm이며
끝에는 톱니가 있다.
용도/식용, 관상용, 약용
(뿌리, 꽃)
생육상/여러해살이풀

분홍바늘꽃

바늘꽃과
Epilobium angustifolium **LINNE.**

속명/두메바늘꽃, 유란(柳蘭)
분포지/중부·북부 지방의 높은 산 숲 가장자리

개화기/6~8월

꽃색/붉은 자주색

결실기/10월 삭과

높이/150cm 안팎

특징/피침형의 잎이 줄기에 어긋나게 붙고 잎의 길이는 85cm이며 끝이 뾰족하다.

잎이 조금 뒤로 말리기 때문에 톱니가 없는 것처럼 보인다.

용도/관상용

생육상/여러해살이풀

분홍바늘꽃 군락

털석잠풀

꿀풀과
Stachys riederi CHAM. *var.*
hispidula HARA.

속명/개석잠풀, 흰털석잠풀, 수소(水蘇)
분포지/북부 지방 높은 산의 습한 곳이나 백두산의 늪 지대
개화기/7, 8월
꽃색/연한 붉은 빛을 띤 자주색
결실기/9월 삭과
높이/60cm 안팎
특징/잎은 줄기에 마주 달리고 길이는 2.5~3.8cm이다. 잎의 표면에는
털이 조금 있고 잔주름이 많으며 가장자리에 톱니가 있다.
용도/식용, 밀원용, 약용(풀 전체)
생육상/여러해살이풀

범꼬리

역귀과
Bistorta manshuriensis **KOM.**

속명/도근초, 범꼬리권삼, 권삼(拳蔘), 자삼(紫蔘), 호미료(虎尾蓼)
분포지/남부·중부·북부 지방의 높은 산꼭대기 풀밭

개화기/6~8월

꽃색/연한 붉은색

결실기/9월 수과

높이/80cm 안팎

특징/뿌리에서 나온 잎은 모여 나고 넓은 달걀꼴이며 잎의 가장자리는 밋밋하다.

용도/관상용, 밀원용, 약용(풀 전체)

생육상/여러해살이풀

범꼬리 군락

금꿩의다리

미나리아재비과
Thalictrum rochebrunianum FR. *et* SAV.
var.grandisepalum (LEVEILLE) NAKAI.

속명/심산당송초
(深山唐松草)
분포지/중부·북부
지방의 숲 속이나 낮은
곳의 풀숲
개화기/7, 8월
꽃색/자주색
결실기/10월 수과
높이/70~100cm
특징/잎은 줄기에
어긋나게 붙고
잎자루가 짧다.
3, 4번 잎이 세 개씩
붙고 작은 잎은
꺼꿀 피침형이며
잎의 끝에 톱니가 있고
턱잎은 거의 밋밋하다.
용도/식용
생육상/여러해살이풀

호범꼬리

역귀과
Bistorta ochotensis **KOMAROV.**

속명/북범꼬리, 되범꼬리, 도근료(倒根蓼)
분포지/북부 지방의 높은 산 풀밭이나 백두산의 높은 곳
개화기/7, 8월
꽃색/연한 붉은색
결실기/10월 수과
높이/100cm 안팎
특징/달걀꼴의 피침형 잎이 줄기에 어긋나게 붙고 가장자리는 밋밋하다.
칼집 모양의 막질로 된 턱잎이 있다.
용도/밀원용
생육상/여러해살이풀

솔나리

백합과
Lilium cernum **KOMAROV.**

속명/솔잎나리, 히나리, 인편송엽백합, 송엽백합(松葉百合)
분포지/남부·중부·북부지방의 깊은 산골짜기 숲 속
개화기/6~8월
꽃색/붉은 자주색
결실기/9월 삭과
높이/70cm 안팎
특징/잎이 솔잎처럼 줄기에 어긋나게 다닥다닥 달리며
길이는 10~15cm이고 위로 올라갈수록 짧고 좁아진다.
용도/식용, 관상용, 약용(비늘 줄기)
생육상/여러해살이풀

송이풀

현삼과
Pedicularis resupinata L.

속명/수송이풀, 구슬송이풀, 마선호(馬先蒿)
분포지/전국의 높은 산 풀숲
개화기/8, 9월
꽃색/붉은 자주색
결실기/10월 삭과
높이/30~60cm
특징/잎은 어긋나거나 마주 나고 잎자루가 짧다. 잎은 좁은 달걀꼴에다가 끝이 뾰족하다.
용도/식용, 관상용, 밀원용, 약용(풀 전체)
생육상/여러해살이풀

무릇

백합과
Scilla scilloides (LIND.) DRUCE.

속명/야자고(野慈姑),
천산(天蒜)
분포지/산과 들의 낮은
곳 풀밭이나 길가 언덕
개화기/7～9월
꽃색/연한 붉은 빛깔의
자주색
결실기/10월 삭과
높이/50cm 안팎
특징/잎은 두 개씩
줄기에 마주 나고 길이
는 5～30cm쯤이고
약간 두껍다. 잎 표면은
곧게 패이고 끝이
뾰족하며 털이 없다.
용도/식용,
약용(풀 전체)
생육상/여러해살이풀

석잠풀

꿀풀과
Stachys riederi var. japonica MIQ.

속명/석잠, 수소(水蘇),
망강청(望江靑),
모서미속(毛鼠尾粟)
분포지/전국 산과 들의
물기가 많은 곳
개화기/6∼9월
꽃색/연한 붉은색
결실기/9월 삭과
높이/30∼60cm
특징/피침형의 잎이
줄기에 마주 나고
끝이 뾰족하다.
잎의 가장자리에는
톱니가 있으며 길이는
4∼8cm쯤이다.
용도/식용, 밀원용,
약용(풀 전체)
생육상/여러해살이풀

손바닥난초

난초과
Gymnadenia conopsea (LINNE) R. BROWN.

속명/새발란, 손바닥란,
수삼(手蔘), 장삼(掌蔘),
불수삼(佛手蔘), 애기손
분포지/제주도를 비롯한
중부·북부 지방의
높은 산 숲 속 그늘
개화기/6, 7월
꽃색/연한 붉은 자주색
결실기/9월 삭과
높이/30~60cm
특징/넓은 달걀꼴의
잎이 줄기에
어긋나게 붙는다.
길이는 6~20cm이고
끝이 뾰족하지만
밑 부분의 잎 끝이
둔하다.
용도/관상용
생육상/여러해살이풀

둥근이질풀

쥐손이풀과
Geranium Koreanum KOMAROV.

속명/왕이질풀, 참쥐손풀, 참이질풀, 고려노관초, 조선노관초(朝鮮老觀草)
분포지/남부·중부·북부 지방의 높은 산꼭대기 풀밭

개화기/6～8월

꽃색/연한 붉은색

결실기/9월 삭과

높이/100cm 안팎

특징/잎은 마주 나며 잎의 바닥이 3～5개로 갈라진다.
잎조각은 피침형 또는 꺼꿀 피침형이고 큰 톱니가 있다.

용도/약용(풀 전체)

생육상/여러해살이풀

꽃쥐손풀

쥐손이풀과
Geranium eriostemon var.
megalanthum **NAKAI.**

속명/꽃쥐손이, 꽃쥐손, 대화모예노관초
분포지/중부·북부 지방의 높은 산꼭대기 풀밭

개화기/7~9월

열매

꽃색/붉은 자주색

결실기/10월 삭과

높이/30~50cm

특징/뿌리에서 나온 잎은 잎자루가 길고 밑 부분의 잎과 함께
5~7모가 난 둥근 모양이다. 잎의 길이는 8~12cm이고
표면에는 굽은 털이 있고 뒷면에는 퍼진 털이 있다.

용도/약용(풀 전체)

생육상/여러해살이풀

부처꽃

부처꽃과
Lythrum anceps (KOEHNE) MAKINO.

속명/천굴채(千屈菜)
분포지/제주도를 비롯한 중부·북부 지방의 산골짜기 냇가

개화기/7, 8월

꽃색/붉은 빛을 띤 자주색

결실기/10월 삭과

높이/150cm 안팎

특징/피침형의 잎이 마주 나며 잎의 가장자리가 밋밋하다.

용도/관상용, 약용(풀 전체)

생육상/여러해살이풀

층층이꽃

꿀풀과
Clinopodium chinense var.
parviflorum (KUDO.) HARA.

속명/층층이, 꽃층층이,
풍륜채(風輪菜),
산박하(山薄荷)
분포지/전국 산과
들의 풀밭
개화기/7, 8월
꽃색/붉은색
결실기/10월 수과
높이/15~40cm
특징/달걀꼴의 잎이 마
주 나고 길이는
2~4cm이며
가장자리에 톱니가 있다.
용도/식용, 밀원용,
약용(잎)
생육상/여러해살이풀

타래난초

난초과
Spiranthes amoena (BIEB.)
SPRENGEL.

속명/타래란, 토양삼
(土洋蔘), 수초(綬草)
분포지/전국의 산과
들의 햇볕이
잘 드는 풀밭
개화기/5~8월
꽃색/붉은색
결실기/8월부터 삭과
높이/10~60cm
특징/뿌리에서 나온
잎은 길이가
5~20cm이다.
가운데 맥이 들어가며
밑 부분이 짧은
칼집 모양인데
줄기 잎은 피침형이고
끝이 뾰족하다.
용도/관상용
생육상/여러해살이풀

소경불알

도라지과
Codonopsis ussuriensis
(RUPR et MAX.) HEMSL.

속명/쇠경불알
분포지/남부·중부·
북부 지방의
깊은 산골짜기 숲 속
개화기/7~9월
꽃색/자주색
결실기/11월 삭과
높이/150cm
특징/달걀꼴의 잎이
줄기에 어긋나게 붙으며
길이는 2~4.5cm이고
잎의 양면과 특히
뒷면에 흰 털이 나고
가장자리는 밋밋하다.
용도/식용, 관상용,
약용(뿌리)
생육상/여러해살이풀

큰바늘꽃

바늘꽃과
Epilobium hirsutum L.

속명/유엽채(柳葉菜)
분포지/울릉도를 비롯한 중부·북부 지방의 바닷가 습한 곳

개화기/8월

꽃색/연한 붉은색

결실기/10월 삭과

높이/100cm 안팎

특징/긴 타원형 또는 피침형의 잎이 줄기에 마주 나고 잎의 길이는 3~10cm이다.

잎의 끝이 뾰족하고 밑 부분이 원줄기를 감싸며 양 면에는 긴 털이 있다.

용도/관상용, 약용(풀 전체)

생육상/여러해살이풀

바늘엉겅퀴

국화과
Cirsium rhinoceros **NAKAI.**

속명/탐라엉겅퀴, 가시엉겅퀴, 침계
분포지/제주도 산과 들의 풀숲
개화기/7~9월
꽃색/자주색
결실기/10월 수과
높이/50cm 안팎
특징/뿌리에서 나온 잎은 꽃이 필 무렵에 없어지기 시작하고 잎은 줄기에
어긋나게 붙는다. 잎의 생김새는 꺼굴 피침형으로서 끝이 꼬리처럼 길어진다.
용도/식용, 약용(풀 전체)
생육상/여러해살이풀

붉은토끼풀

콩과
Trifolium pratense L.

속명/홍차축초(紅車軸草), 홍과초(紅瓜草), 금화채(金花菜)
분포지/산과 들에 나며 특히 목장 주변에 많이 난다.(유럽 원산)
개화기/6, 7월
꽃색/붉은 빛을 띤 자주색
결실기/9월 협과
높이/30~60cm
특징/긴 타원형에다가 끝이 둔한 잎이 줄기에 어긋나게 붙고
잎자루가 길며 잎의 길이는 3~5cm이다.
용도/관상용, 밀원용, 목초용
생육상/여러해살이풀

산새콩

콩과
Lathyrus vaniotii LEV.

속명/산완두
분포지/중부 지방의
깊은 산골 논둑이나
길가 풀밭에서 자란다.
개화기/5~7월
꽃색/자주색
결실기/8월 협과
높이/50cm 안팎
특징/잎은 3~5쌍의
작은 잎으로 이루어진
1번 깃꼴 겹잎이다.
맨 위의 작은 잎이
혹으로 퇴화하는
특성이 있다.
용도/식용, 약용
(풀 전체)
생육상/여러해살이풀

산새콩 군락

구름송이풀

현삼과
Pedicularis verticillata **L.**

속명/구름송이, 윤엽마선호(輪葉馬先蒿)
분포지/제주도를 비롯한 남부·북부 지방의 높은 산 풀밭이나 백두산 지역
개화기/7, 8월
꽃색/붉은 자주색
결실기/10월 삭과
높이/5~15cm
특징/뿌리에서 나온 잎은 모여 나고 이 잎은 꽃이 필 때까지 남는다.
줄기의 잎은 4~6개 또는 두 개씩 돌려 나며 잎조각의 숫자는
5~7쌍이고 톱니가 있다.
용도/식용, 관상용, 밀원용, 약용(풀 전체)
생육상/여러해살이풀

연(蓮)

수련과
Nelumbo nucifera **GAERTNER.**

속명/련, 연꽃, 련꽃, 련실, 련자, 련근, 하(荷), 하화(荷花), 연실(蓮實)
분포지/각처의 연못에 심는다.(관상 식물)
개화기/7, 8월
꽃색/연한 붉은색이나 흰색
결실기/10월 삭과
높이/100cm 안팎
특징/물에서 자라며 잎은 물 위로 솟고 잎의 맥은
사방으로 퍼지며 지름은 40cm쯤이다.
잎자루는 둥근 나무 모양이고 짧은 혹이 있다.
용도/식용, 관상용, 약용(뿌리, 잎, 줄기, 씨)
생육상/물 속에서 자라는 여러해살이풀

열매

연 군락

수련(睡蓮)

수련과
Nymphaea tetragona **GEORGI.**

속명/자오련(子午蓮)
분포지/남부·중부
지방의 연못 등지에
심어 재배한다.
개화기/6~8월
꽃색/희거나 붉은색
결실기/9월 삭과
높이/100cm
특징/달걀꼴의 둥근
잎이 모여 나고 길이는
5~12cm이다.
밑 부분은 화살 모양이고
가장자리가 밋밋하다.
용도/관상용,
약용(꽃, 뿌리, 씨)
생육상/여러해살이풀

흰색 수련

수련 군락

노루오줌

범의귀과
Astilbe chinensis **MAXIM** *var. davidii* **FR.**

속명/홍승마(紅升麻),
적승마(赤升麻)
분포지/숲 속이나
풀숲의 습한 곳
개화기/6~8월
꽃색/붉은 자주색
결실기/9월 삭과
높이/30~70cm
특징/잎은 줄기에
어긋나게 붙으며
세 개씩 두세 번
갈라지며
긴 타원형이다.
가장자리에는 고르지
않은 톱니가 있다.
용도/식용, 관상용,
약용(뿌리)
생육상/여러해살이풀

노루오줌 군락

메꽃

메꽃과
Calystegia japonica **CHOISY CHOIS.**

속명/선화(旋花)
분포지/산과 들 낮은 곳의 논둑이나 밭둑
개화기/6~8월
꽃색/연한 붉은색
결실기/10월 삭과
높이/2m 안팎
특징/잎자루가 길고 잎은 어긋나게 줄기에 붙으며 긴 타원 피침형이다.
잎의 가장자리가 밋밋하다.
용도/식용, 약용(꽃, 뿌리)
생육상/여러해살이 덩굴풀

동골나무

국화과
Eupatorium chinense **LINNE** *var.*
simplicifolium(**MAKINO**)**KITAMURA.**

속명/산란(山蘭),
택란(澤蘭)
분포지/전국 산과
들의 풀숲
개화기/7~10월
꽃색/흰 색 또는 연한
자주색
결실기/11월 수과
높이/70cm 안팎
특징/달걀꼴의 잎이
줄기에 마주 나고
끝이 뾰족하다.
잎의 길이는
10~18cm이며
밑 부분에 비교적
일정한 톱니가 있고
잎의 양 면에는
털이 있다.
용도/식용, 관상용,
약용(풀 전체)
생육상/여러해살이풀

엉겅퀴

국화과
Cirsium maackii **MAXIM.**

속명/항가새, 엉겅귀, 가시나물, 마자초, 대계
분포지/전국 산과 들의 풀숲
개화기/6~8월
꽃색/홍자색
결실기/10월 수과
높이/50~100cm
특징/잎은 줄기에 어긋나게 붙는데 꽃이
필 때가지 남는다. 잎의 양면에는 털이 있고
가장자리에는 고르지 않은 톱니와 가시가 있다.
용도/식용, 약용(풀 전체)
생육상/여러해살이풀

잎

패랭이꽃

석죽과
Dianthus sinensis L.

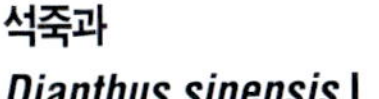

속명/패랭이, 석죽화,
산죽, 석죽다,
흑수석죽, 구맥
분포지/전국 산과 들의
메마른 돌 틈이나
길가의 풀밭
개화기/6~9월
꽃색/붉거나 흰색
결실기/9월 삭과
높이/30cm
특징/실 같은 피침형의
잎이 마주 나고 끝이
뾰족하다. 또한 잎의
밑 부분이 합쳐져서
통 모양으로 되고
가장자리가 밋밋하다.
용도/관상용,
약용(풀 전체)
생육상/여러해살이풀

열매

끈끈이대나물

석죽과
Silene armeria L.

속명/세레네,
고설륜(高雪輪)
분포지/중부 지방의
바닷가 또는
산간 지역에서 기르며
야생으로도 자란다.
(유럽 원산)
개화기/6~8월
꽃색/희거나 붉은색
결실기/8월부터 삭과
높이/50cm 안팎
특징/전체에 분을 칠한
듯한 흰색이 돌며
털이 없고 윗 부분의
마디 밑에서 끈끈한
점액을 내보낸다.
용도/관상용, 약용
(풀 전체)
생육상/한해 또는
두해살이풀

우엉

국화과
***Arctium lappa* L.**

속명/우웡, 우방(牛蒡), 우방근(牛蒡根), 악실(惡實), 우채(牛菜),
노서추(老서愁), 우방자(牛蒡子)
분포지/전국의 농가에서 재배하고 야생으로도 자란다.(인도 원산)
개화기/7, 8월
꽃색/검은 빛을 띤 자주색
결실기/9월 수과
높이/150cm 안팎
특징/뿌리에서 나온 잎은 모여 나고 잎자루가 길고 심장 모양이다.
뒷면에는 하얀 털이 빽빽히 나서 흰 빛을 띠며 가장자리에 이빨 모양의 톱니가 있다.
용도/식용, 약용(뿌리, 씨)
생육상/두해살이풀

제비동자꽃

석죽과
Lychnis wilfordii MAX.

속명/사판전추라(絲瓣剪秋羅)
분포지/중부·북부 지방의 깊은 산골짜기 늪지
개화기/6~8월
꽃색/붉은색
결실기/9월 삭과
높이/50cm 안팎
특징/잎은 마주 나고 피침형이며 길이는
3~7cm이다. 끝이 뾰족하고 밑 부분이 약간
둥글며 가장자리에 털이 있고 잎자루는 없다.
용도/관상용
생육상/여러해살이풀

열매

매발톱꽃

미나리아재비과
Aquilegia buergeriana MIQUEL *var oxysepala* (TRAUTV. et MEYER) KITAMURA

속명/매발톱,
누두채(漏豆菜)
분포지/제주도를 비롯한
남부·중부·북부 지방의
높은 산이나
깊은 골짜기 숲 속
개화기/6~8월
꽃색/갈색이 도는
자주색
결실기/10월 골돌
높이/100cm 안팎
특징/뿌리에서 나온
잎은 모여 나고
잎자루가 있고
두번째 잎이
세 개 나오며 작은 잎은
넓은 꺼꿀 피침형으로서
2, 3개씩 얕게
갈라진다.
용도/관상용
(유독성 식물)
생육상/여러해살이풀

여로

백합과
Veratrum maackii var.
japonicum T. SHIMIZU.

열매

속명/뻐꾹다리,
일본여로(日本藜蘆)
분포지/제주도를
비롯한 남부·중부·
북부 지방의 높은 산
습한 풀밭
개화기/7, 8월
꽃색/검은 빛이 도는
자주색
결실기/10월 삭과
높이/40~60cm
특징/잎은 어긋나게
붙고 칼집 같은 잎이
원줄기를 완전히
둘러싸며 밑 부분의
잎은 좁은 피침형이다.
용도/관상용,
약용(뿌리, 줄기)
(유독성 식물)
생육상/여러해살이풀

흰분홍두메투구꽃

현삼과
Veronica stelleri **PALLAS** *var.*
longistyla KITAGAAWA *form rufescens*
Y. LEE. *form* **NOV.**

속명/분홍두메투구꽃
분포지/북부 지방의 높은 산 풀밭이나 백두산 높은 곳
개화기/7, 8월
꽃색/흰 바탕에 자주색 맥이 있는 꽃이 핀다.
결실기/9월 삭과
높이/15cm 안팎
특징/잎은 5~8쌍씩 마주 나고 잎자루가 없으며 생김새는 넓은 달걀꼴에다가
끝이 둔하다. 잎의 가장자리에 몇 쌍의 톱니가 있다.
용도/관상용, 밀원용, 약용(풀 전체)
생육상/여러해살이풀

냉초

현삼과
Veronica sibirica **LINNE.**

속명/숨위나물, 민위령선풀, 초본위령선(草本威靈仙)
분포지/중부·북부 지방의 높은 산이나 깊은 골짜기 풀밭

개화기/6～8월

꽃색/붉은 자주색

결실기/9월 삭과

높이/50～90cm

특징/잎은 3～8개씩 여러 층으로 돌려난다. 잎은 타원형이며
끝이 뾰족하고 길이는 6～17cm인데 가장자리에 톱니가 있다.

용도/밀원용, 약용(풀 전체)

생육상/여러해살이풀

금강초롱꽃

도라지과
Hanabusaya asiatica **NAKAI.**

속명/화방초,
금강사삼(金剛沙蔘)
분포지/중부·북부
지방의 깊은 골짜기에
좀 습한 그늘이나
높은 곳의 풀숲
개화기/8, 9월
꽃색/연한 자주색 또는
붉은 빛이 도는 자주색
결실기/9월 삭과
높이/30~90cm
특징/잎이 어긋나게
붙지만 윗 부분의 잎은
마디 사이가 짧기
때문에 모여 난 것처럼
보이며 달걀꼴의
긴 타원형이다.
용도/식용, 관상용,
약용(뿌리)
생육상/여러해살이풀

컴프리

지치과
***Symphytum officinale* L.**

속명/캄프리,
러시안컴프리
분포지/각처의 약초
농가에서 재배하였으나
자연으로 퍼져 풀밭에서
자란다.(유럽 원산)
개화기/6, 7월
꽃색/연한 붉은색,
자주색, 흰색
결실기/8월 견과
높이/60~90cm
특징/달걀꼴의
피침형 잎이 줄기에
어긋나게 붙고 잎의
끝이 길게 뾰족해진다.
밑 부분의 잎에는
잎자루가 있지만
윗 부분의 것에는 없다.
용도/식용, 관상용,
약용(풀 전체, 뿌리)
생육상/여러해살이풀

도깨비엉겅퀴

국화과
Cirsium schantarense TRAUTV. *et* MEYER.

속명/수그린엉겅퀴,
큰엉겅퀴, 상특대계
분포지/남부·중부·
북부 지방의 높은 산
숲 가장자리
개화기/7~9월
꽃색/홍자색
결실기/10월 수과
높이/50~150cm
특징/잎은 줄기에
어긋나게 붙고
밑 부분의 잎은
타원형이거나 피침 같은
타원형이며 밑으로
흘러서 잎자루의
날개같이 되거나
원줄기를 감싸며 깊게
갈라지고 가시가 있다.
용도/식용, 약용
(풀 전체)
생육상/여러해살이풀

흰털쥐손풀

쥐손이풀과
*Geranium eriostemon var.
hypoleucum* **NAKAI.**

속명/흰털쥐손,
흰털쥐손이,
밀모예노관초
분포지/북부 지방
높은 산지의 풀밭
개화기/7, 8월
꽃색/붉은 빛이 도는
자주색
결실기/10월 삭과
높이/30~50cm
특징/전체에 밑을 향한
털이 빽빽히 나고
원줄기는 세로로 골이
있고 윗 부분에
실 같은 털이 있다.
용도/약용(풀 전체)
생육상/여러해살이풀

구름패랭이

석죽과

Dianthus superbus L. *var. s p e c i o s u s* RCICH.

속명/구름술패랭이꽃, 미려구맥, 홍구맥, 구맥
분포지/중부·북부 지방의 높은 산 풀밭

개화기/7, 8월
꽃색/연한 붉은색
결실기/9월 삭과
높이/30cm 안팎
특징/피침형의 잎이 줄기에 마주 나는데 좁고 길며
끝이 날카롭고 가장자리는 밋밋하다.
용도/관상용, 약용(풀 전체)
생육상/여러해살이풀

참골무꽃

꿀풀과
Scutellaria strigillosa HEMSL.

속명/참골무, 큰골무꽃,
민골무꽃, 조복모황금
(粗伏毛黃芩)
분포지/제주도를
비롯한 남부·중부·
북부 지방의
바닷가 모래 땅
개화기/7, 8월
꽃색/자주색
결실기/10월 삭과
높이/10～40cm
특징/타원형의 잎이
마주 나고 잎의 양쪽
면에는 털이 있으며
가장자리에 낮고 둔한
톱니가 있다.
용도/식용, 관상용,
밀원용, 약용(풀 전체)
생육상/여러해살이풀

등심붓꽃

붓꽃과
Sisyrinchium angustifolium **MILL.**

속명/협엽람안초
(狹葉藍眼草)
분포지/약초 농가에서
더러 재배한다.
(북미 원산)
개화기/5~7월
꽃색/자줏빛 또는
흰 바탕에 자주색
줄이 있는 꽃이 핀다.
결실기/7월부터 삭과
높이/10~20cm
특징/잎은 주로
밑 부분에 많이 달리며
줄기에 나는 잎의
밑 부분은 칼집처럼
생겼는데
원줄기를 감싼다.
용도/관상용,
약용(뿌리, 줄기)
생육상/여러해살이풀

좀비비추

백합과
Hosta minor (BAK.) NAKAI.

속명/소옥잠(小玉簪)
분포지/제주도를 비롯한 남부·중부 지방의 산 속
개화기/7, 8월
꽃색/연한 자주색
결실기/10월 삭과
높이/30cm 안팎
특징/넓은 달걀꼴의 잎이 뿌리에서 모여 나며 길이는 10cm쯤이다.
용도/식용, 관상용
생육상/여러해살이풀

꽃창포

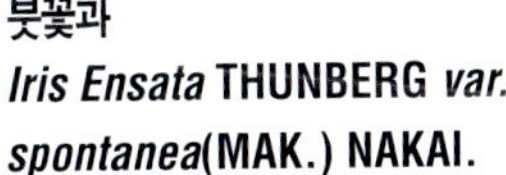

붓꽃과
Iris Ensata THUNBERG *var.*
spontanea(MAK.) NAKAI.

속명/창포붓꽃, 옥선화, 화창포(花菖蒲)
분포지/제주도를 비롯한 남부·중부·북부 지방 산지의 습한 풀밭
개화기/6~8월
꽃색/붉은 빛이 도는 자주색
결실기/9월 삭과
높이/60~120cm
특징/잎이 줄기에 어긋나게 붙으며 길이는 20~60cm이다.
용도/관상용, 약용(뿌리, 줄기)
생육상/여러해살이풀

털중나리

백합과
Lilium amabile **PALIBIN.**

속명/털종나리,
텀중나리,
조선백합(朝鮮百合),
미백합(美百合)
분포지/남부·중부·
북부 지방의 산지 풀밭
개화기/6~8월
꽃색/노란 빛이 도는
붉은색
결실기/10월 삭과
높이/50~100cm
특징/가지는 윗 부분이
약간 갈라지고 전체에
잔 털이 있으며
비늘 줄기는 길이가
2.5~4cm이다.
잎의 지름은
1.5~2.5cm로서
잎의 전체 모양은
달걀꼴이다.
용도/식용, 관상용,
약용(비늘 줄기)
생육상/여러해살이풀

말나리

백합과
Lilium distichum NAKAI *ex* KAMIBAYASHI.

속명/산경자, 산경미,
윤엽백합(輪葉百合),
백합(百合)
분포지/남부·중부·
북부 지방의 깊은
골짜기나 높은 산
개화기/6～8월
꽃색/노란 빛이 도는
붉은색
결실기/10월 삭과
높이/80cm 안팎
특징/돌려 나는 잎과
어긋나게 붙는 잎이
있으며 돌려 나는 잎은
4～9개이다.
잎의 생김새는
긴 타원형이며 길이는
10cm인데 털이 없고
양 끝이 좁다.
용도/식용, 관상용,
약용(비늘 줄기)
생육상/여러해살이풀

참나리

백합과
Lilium lancifolium **THUNBERG.**

속명/나리, 당개나리,
알나리, 야백합,
호랑나리, 호피백합
(虎皮百合), 권단(卷丹),
백합(百合)
분포지/마을 주변의
둑이나 길가 풀숲
개화기/7, 8월
꽃색/노란 빛이 도는
붉은색
결실기/10월 삭과
높이/1, 2m
특징/피침형의 잎이
줄기에 빽빽히 어긋나게
붙고 잎의 길이는
58cm이다. 짙은
자줏빛이 도는 갈색
구슬 모양의 씨눈이
줄기와 잎 사이에
달린다.
용도/식용, 관상용,
약용(비늘 줄기)
생육상/여러해살이풀

중나리

백합과
Lilium leichtlinii Hook. fil. var.
tigrinum (REGEL) NICHOLS.

속명/단나리,
가호피백합(假虎皮百合),
권단(卷丹), 백합(百合)
분포지/남부·중부·
북부 지방의 깊은
골짜기나
높은 곳의 풀밭
개화기/7, 8월
꽃색/노란 기가 도는
붉은색
결실기/10월 삭과
높이/1~1.5cm
특징/줄기에 어긋나게
붙는 잎이 많이 달리며
잎의 길이는
8~15cm이고
가장자리는
밋밋하지만 원줄기와
더불어 작은 혹이 있다.
용도/식용, 관상용,
밀원용, 약용(비늘 줄기)
생육상/여러해살이풀

하늘말나리

백합과
Lilium miquelianum **MAKINO.**

속명/우산말나리, 소근백합(小芹百合)
분포지/남부·중부·북부 지방의 산지 풀숲
개화기/7, 8월
꽃색/노란 빛이 도는 붉은색
결실기/10월 삭과
높이/100cm 안팎
특징/큰 잎은 돌려 나고 작은 잎은 어긋나게 붙는데 돌려 나는 잎은 6~12개씩
1, 2층으로 달리고 피침형 또는 꺼꿀 피침형, 타원형이며 급하게 뾰족해진 끝과
차츰 좁아진 밑 부분이 직접 원줄기에 닿고 어긋난 잎은 올라갈수록 작아진다.
용도/식용, 관상용, 약용(비늘 줄기)
생육상/여러해살이풀

원추리

백합과
***Hemerocallis fulva* L.**

속명/넘나물, 등황훤초, 등황옥잠(橙黃玉簪), 훤초(萱草), 금침채(金針菜)
분포지/제주도를 비롯한 전국에서 심기도 하고 야생으로 자라기도 한다.
개화기/6, 7월
꽃색/황토색이 도는 노란색
결실기/9월 삭과
높이/100cm 안팎
특징/잎은 줄기에 마주 나고 길이는 60~80cm이다.
잎의 끝이 둥글게 뒤로 젖혀지며 흰 빛이 도는 푸른색이다.
용도/식용, 관상용, 약용(뿌리)
생육상/여러해살이풀

왕원추리

백합과
Hemerocallis fulva var. Kwanso REGEL.

속명/겹첩넘나물,
넘나물, 황금채,
훤초(萱草),
황화채(黃花菜),
훤초근(萱草根), 금침채
분포지/제주도를 비롯한
남부·중부 지방에서
흔히 재배하는 관상초
(중국 원산)
개화기/7, 8월
꽃색/노란 빛이 도는
황토색
결실기/9월 삭과
높이/80~100cm
특징/잎은 서로
껴안듯이 마주 나고
길이는 40~60cm이며
끝이 활처럼 뒤로
젖혀진다.
용도/식용, 관상용,
밀원용, 약용(뿌리)
생육상/여러해살이풀

동자꽃

석죽과
Lychnis cognata **MAX.**

속명/전추라(剪秋羅)
분포지/중부·남부·
북부 지방의 높은 산
숲 가장자리
개화기/6~8월
꽃색/붉은색이나
노란색
결실기/9월 삭과
높이/40~100cm
특징/잎은 마주 나고
긴 달걀꼴이며
양 끝이 좁고
길이는 5~8cm이다.
잎은 가장자리가
밋밋하며 잎의
양면과 가장자리에
털이 있다.
용도/관상용
생육상/여러해살이풀

땅나리

백합과
Lilium callosum SIEB. *et* ZUCC.

속명/조엽백합(條葉百合)
분포지/제주도를 비롯한 중부 지방의 습한 풀밭
개화기/7, 8월
꽃색/노란 빛이 도는 붉은색
결실기/9월 삭과
높이/30~100cm
특징/잎은 줄기에 어긋나게 붙고 다닥다닥 많이 달리는데 실 같거나 넓으며
길이는 5~13cm이다. 잎에는 털이 없고 양 끝이 좁고 가장자리는 밋밋하며
때로는 반달 같은 혹이 있다.
용도/식용, 관상용, 약용(비늘 줄기)
생육상/여러해살이풀

청색

숫잔대 군락

절굿대

국화과
Echinops setifer ILJIN.

속명/분취아재비,
둥둥방망이, 개수리취,
절구대, 남자두,
누로(漏露)
분포지/전국 산과 들의
낮은 곳 풀숲
개화기/7, 8월
꽃색/남색이 도는
자줏빛
결실기/10월 수과
높이/90~150cm
특징/잎은 어긋나게
붙고 엉겅퀴의 잎과
비슷하며 뿌리에서 나온
잎은 잎자루가 길고
겉은 푸른색이다.
잎의 뒷면에는 솜 같은
털로 덮여 있다.
용도/식용, 관상용,
약용(풀 전체)
생육상/여러해살이풀

큰제비고깔

미나리아재비과
Delphinium maackianum **REGEL.**

속명/흰제비고깔
분포지/중부 · 북부
지방의 깊은
산골짜기 풀밭
개화기/7~9월
꽃색/짙은 자주색
결실기/10월 골돌
높이/1~150cm
특징/잎은 어긋나게
붙고 잎자루가 길고
단풍잎처럼 세 개로
갈라지며 잎조각의
가장자리에 고르지 않은
톱니가 있다.
용도/관상용,
약용(뿌리, 풀 전체)
(유독성 식물)
생육상/여러해살이풀

부레옥잠

물옥잠과
Eichhornia crassipes **SOLM-LAUB.**

속명/흑옥잠(黑玉簪)
분포지/각처의 연못 등에 관상용으로 심는다.(미국 원산)
개화기/7~9월
꽃색/자줏빛이 도는 청색
결실기/9월 삭과
높이/30cm 안팎
특징/주로 물에서 자라는 식물로서 달걀꼴의 둥근 잎은 줄기에서 모여 나고
잎 표면에는 털이 없고 윤기가 나며 가장자리가 밋밋하다.
용도/관상용
생육상/여러해살이풀

주걱비비추

백합과
Hosta japonica var. lancifolia **NAKAI.**

속명/광엽일본옥잠
(廣葉日本玉簪)
분포지/남부·중부·
북부 지방의 산 숲
개화기/7, 8월
꽃색/자줏빛이 도는
보라색
결실기/10월 삭과
높이/20~50cm
특징/잎은 모두
뿌리에서 나오는데
비스듬히 퍼지고
긴 타원형이다.
용도/식용, 관상용
생육상/여러해살이풀

두메투구꽃

현삼과
Veronica stelleri **PALLAS** *var.*
longistyla **KITAGAWA.**

속명/두메투구, 두메투구풀, 두메꼬리풀, 장주파파납(長柱婆婆納)
분포지/북부 지방의 높은 산 풀밭이나 백두산의 높은 곳
개화기/7, 8월
꽃색/흰 바탕에 자주색 맥이 있는 꽃이 핀다.
결실기/9월 삭과
높이/15cm 안팎
특징/잎은 5~8쌍씩 마주 달리고 생김새는 달걀꼴이며 끝이 둔하고 둥글다.
용도/관상용, 밀원용, 약용(풀 전체)
생육상/여러해살이풀

모싯대

도라지과
Adenophora remotiflora (S . et Z .) MIQ.

속명/모시대, 모시때, 게로기, 오시대, 뭉아지, 향삼(香蔘), 제니(薺苨)
분포지/전국의 산 숲 속 그늘
개화기/8, 9월
꽃색/자줏빛이 도는 보라색
결실기/11월 삭과
높이/40~100cm
특징/잎은 줄기에 어긋나게 붙으며 달걀 모양 또는 넓은 피침형이다.
잎의 가장자리에 날카로운 톱니가 있다. 뿌리가 굵다.
용도/식용, 관상용, 약용(뿌리)
생육상/여러해살이풀

용머리

꿀풀과
Dracocephalum argunense FISCH. ex LINK.

속명/용두(龍頭), 청란(靑蘭)
분포지/남부·중부·북부 지방의 산지 풀숲

개화기/6~8월

꽃색/자줏빛이 도는 보라색

결실기/9월 수과

높이/15~30cm

특징/잎은 줄기에 마주 나고 잎자루가 없거나 짧으며 잎의 길이는 2~5cm이다.

또한 잎의 표면은 빛이 나고 뒷면 맥 위에는 털이 있으며 가장자리가 밋밋하다.

용도/식용, 밀원용, 약용(풀 전체)

생육상/여러해살이풀

긴산꼬리풀

현삼과
Veronica longifolia L.

속명/싸할꼬리풀,
가장엽파파납
(假長葉婆婆納),
긴산꼬리
분포지/남부·중부·
북부 지방의 높은 산이나
깊은 골짜기 풀숲
개화기/7, 8월
꽃색/하늘색
결실기/10월 삭과
높이/100cm 안팎
특징/잎은 마주 나는데
3, 4개씩 돌려 나며
밑 부분의 것은
잎자루가 거의 없으나
윗 부분의 것은 짧은
잎자루가 있다. 길이는
11cm쯤이며 표면에
짧은 털이 퍼져 있고
가장자리에 안으로
굽은 톱니가 있다.
용도/식용, 밀원용,
약용(풀 전체)
생육상/여러해살이풀

닭의장풀

닭의장풀과
Commelina communis L.

속명/달개비, 닭이장풀,
닭의밑씻개, 닭개비,
닭의꼬꼬, 압척초
분포지/전국의 산과 들,
집 부근 풀숲
개화기/7~9월
꽃색/하늘색
결실기/10월 삭과
높이/15~50cm
특징/잎은 어긋나게
붙고 마디가 굵으며
밑 부분의 마디에서
뿌리가 나온다.
잎은 달걀꼴의
피침형이고
길이는 5~7cm이며
털이 없거나 뒷면에
조금 있다.
용도/식용, 약용
(풀 전체)
생육상/여러해살이풀

닭의장풀 군락

각시투구꽃

미나리아재비과
Aconitum monanthum **NAKAI.**

속명/산투구꽃, 꼬마돌쩌귀, 단화오두(單花烏頭), 고산오두(高山烏頭)
분포지/북부 지방의 높은 산 숲 속 습한 그늘이나 백두산의 숲 속
개화기/7, 8월
꽃색/자줏빛이 도는 보라색
결실기/10월 골돌
높이/20cm 안팎
특징/잎은 줄기에 어긋나게 붙고 3~8개로 갈라지며
잎조각은 다시 깃 모양으로 가늘게 갈라진다.
용도/관상용, 약용(뿌리)(유독성 식물)
생육상/여러해살이풀

숫잔대

숫잔대과
Lobelia sessilifolia **LAMB.**

속명/잔대아재비,
진들도라지, 산경채,
무병엽산경채
(無柄葉山梗菜)
분포지/전국 산과 들의
습한 풀밭
개화기/7, 8월
꽃색/자줏빛이 도는
보라색
결실기/10월 삭과
높이/50~100cm
특징/피침형의 잎이
줄기에 어긋나게
붙는다.
잎자루가 없으며
잎의 끝이 길게
좁아지다가 둔해지고
가장자리에는
짧은 톱니가 있다.
용도/관상용,
약용(뿌리)
생육상/여러해살이풀

비로용담

용담과
Genfiana jamesii HEMSL.

속명/비로봉용담, 비로과남풀, 백산용담(白山龍膽)
분포지/중부·북부 지방의 높은 산 늪 지대(휴전선, 금강산, 백두산 일대)
개화기/7~9월
꽃색/자줏빛이 도는 청색
결실기/10월 삭과
높이/5~12cm
특징/5~10쌍의 잎이 마주 나고 잎의 생김새는 넓은 피침형 또는
타원형에다가 잎자루가 없고 끝이 둔하며 가장자리가 흰색이다.
용도/관상용, 약용(뿌리)
생육상/여러해살이풀

산매발톱

미나리아재비과
Aquilegia flabellata SIEB. *et* ZUCC. *var.*
pumila (HUTH) KUDO.

속명/하늘매발톱, 골짝발톱, 골매발톱, 일본루두채, 장백루두채, 루두채(漏斗菜)
분포지/북부 지방의 높은 산 풀밭이나 백두산의 높은 지대
개화기/7, 8월
꽃색/밝은 하늘색
결실기/10월 골돌
높이/30cm 안팎
특징/뿌리에서 나온 잎은 모여 나고 작은 잎은 꺼꿀 세모 모양이며
2, 3개로 얕게 갈라진다. 잎은 다시 2, 3개로 갈라지고 끝이 둥글고 잎 표면에는
털이 없지만 뒷면 꼭지에 털이 있고 줄기에는 두 개의 잎이 달린다.
용도/관상용(유독성 식물)
생육상/여러해살이풀

산매발톱 군락

자주달개비

닭의장풀과
Tradescantia refiexa RAFIN.

속명/양달개비, 자주닭개비
분포지/제주도를 비롯한 울릉도와 남부·중부 지방에서
관상용으로 흔히 심는다.(북미 원산)
개화기/6, 7월
꽃색/자줏빛이 도는 보라색
결실기/9월에 삭과
높이/50cm 안팎
특징/넓은 실같이 생긴 잎이 줄기에 어긋나게 붙으며
잎의 길이는 30cm 안팎인데 밑 부분이 원줄기를 감싼다.
용도/관상용
생육상/여러해살이풀

색인